职业教育教学改革规划教材

数控车工技能训练项目教程（高级）

主　编　朱兴伟　蒋洪平
副主编　袁海霞　黄战平
参　编　汪立俊　蔡苏明
　　　　吕　伟

机械工业出版社

本书是《数控车工技能训练项目教程（中级）》的姊妹篇，采用项目教学模式，全面介绍数控车工职业技能（高级）考核所需的工艺、编程方法和操作加工技术。

全书共分三篇。第一篇是基础篇，包括数控车削加工工艺、数控车削编程高级指令和数控车削自动编程；第二篇是技能篇，包括十个递进的数控车工（高级）技能训练项目，通过典型的案例分析，以“项目描述→项目教学日标→项目实施→项目总结”的步骤展开项目训练，使学生快速、全面地掌握数控车削加工工艺分析与设计、编程和操作加工技术；第三篇是鉴定篇，包括五套数控车工职业技能（高级）考核试卷。

本书可以作为职业院校数控技术、模具设计与制造、CAD/CAM、机电一体化等专业的教材，也可以作为工程技术人员的参考用书。

图书在版编目（CIP）数据

数控车工技能训练项目教程．高级/朱兴伟，蒋洪平主编．—北京：机械工业出版社，2011.10（2018.2 重印）
职业教育教学改革规划教材
ISBN 978-7-111-36088-9

Ⅰ.①数…　Ⅱ.①朱…②蒋…　Ⅲ.①数控机床：车床-车削-中等专业学校-教材　Ⅳ.①TG519.1

中国版本图书馆 CIP 数据核字（2011）第 207550 号

机械工业出版社（北京市百万庄大街 22 号　邮政编码 100037）
策划编辑：齐志刚　责任编辑：齐志刚　王海霞
版式设计：霍永明　责任校对：陈秀丽
责任印制：杨　曦
唐山三艺印务有限公司印刷
2018 年 2 月第 1 版·第 2 次印刷
184mm×260mm·11.25 印张·278 千字
标准书号：ISBN 978-7-111-36088-9
定价：29.80 元

凡购本书，如有缺页、倒页、脱页，由本社发行部调换

电话服务
社服务中心：(010) 88361066
销售一部：(010) 68326294
销售二部：(010) 88379649
读者购书热线：(010) 88379203

网络服务
门户网：http：//www.cmpbook.com
教材网：http：//www.cmpedu.com
封面无防伪标均为盗版

前 言

本书是《数控车工技能训练项目教程（中级）》的姊妹篇，针对职业院校数控技术、模具设计与制造、CAD/CAM、机电一体化等专业教育人才培养目标及规格的要求，以就业为导向，紧紧围绕“以能力为本位、以项目课程为主体、以职业实践为主线的模块化课程体系”（简称“三以一化”）的课程改革理念，并结合岗位实际和职业技能考核标准编写而成。

全书共分三篇。第一篇是基础篇，包括数控车削加工工艺、数控车削编程高级指令和数控车削自动编程；第二篇是技能篇，包括十个递进的数控车工高级技能训练项目，通过典型的案例分析，以“项目描述→项目教学目标→项目实施→项目总结”的步骤展开项目训练，使学生快速、全面地掌握数控车削加工工艺分析与设计、编程和操作加工技术；第三篇是鉴定篇，包括五套数控车工职业技能（高级）考核试卷。

本书由朱兴伟、蒋洪平任主编，由袁海霞、黄成平任副主编，全书由蒋洪平统稿。参加编写的有朱兴伟（基础篇第一、二章，技能篇项目八、项目九、项目十，鉴定篇样卷一）、蒋洪平（技能篇项目一、项目二、项目三，鉴定篇样卷二），袁海霞（基础篇第三章，技能篇项目六、项目七），黄战平（技能篇项目五）、汪立俊（技能篇项目四）、蔡苏明（鉴定篇样卷三）、吕伟（鉴定篇样卷四、样卷五）。

本书在编写过程中得到了有关学校领导和行业、企业一线专家的大力支持和帮助，在此谨向他们表示衷心的感谢。由于时间仓促，以及编者水平有限，书中难免存在不当和错误之处，敬请广大读者谅解，并真诚欢迎读者批评指正。

编 者

目录

第一篇

基础篇

第一章　数控车削加工工艺

第一节　数控车床的工艺范围和特点

一、数控车床的工艺范围

数控车床作为当今使用最广泛的数控机床之一，主要用于加工轴类、套筒类、盘类等回转体零件，它能够通过程序控制自动完成圆柱面、圆锥面、圆弧、螺纹等工序的切削加工，并能进行切槽、钻孔、扩孔、铰孔等工作。近年来研制出了数控车削中心和数控车铣中心，使得一次装夹可以完成更多的加工工序，从而提高了加工质量和生产效率，特别适宜复杂形状的回转体零件的加工。

数控车床加工零件的尺寸公差等级可达 IT5 ~ IT6，表面粗糙度 *Ra* 值可达 1.6μm 以下。

二、数控车床的特点

数控车床与普通车床相比，主要具有以下特点：

1）加工精度高，产品质量稳定。

2）适合加工回转表面复杂的零件。

3）具有广泛的适应性。

4）生产效率高。

5）能够减轻操作者的劳动强度，改善劳动条件。

第二节　数控车削加工工艺分析

数控工艺设计是零件数控加工过程中的首要工作，工艺设计的合理性直接影响到数控程序编制的难易程度，以及零件的加工质量和生产效率，对生产任务的完成起着关键性的作用。

数控车削加工工艺主要包括数控加工零件图的工艺性分析、数控车削工艺路线拟定、数控车削刀具的选择、数控车削切削用量的选择、数控车削加工工艺技术文件的编写等。

一、数控加工零件图的工艺性分析

1. 零件图样分析

分析零件图样是工艺准备中的首要工作，它直接影响零件加工程序的编写及加工结果。

首先，通过零件图样了解零件的外形、结构，零件上需加工的部位及其形状、尺寸精度和表面粗糙度；了解各加工部位之间的相对位置和尺寸精度；了解工件材料、坯料尺寸、相关技术要求及工件的加工数量，不同的加工数量所采用的工艺方案也不同。

其次，分析了解零件的设计工艺基准，包括其外形尺寸、在零件上的位置、结构及与其他部位的相互关系等。对于复杂的零件或较难辨别工艺基准的零件图，还需详细地分析有关装配图，了解该零件的装配使用要求，确定出加工工件的工艺基准。

2. 零件结构工艺性分析

零件结构工艺性是指在满足使用要求的前提下，零件加工的可行性和经济性，换言之，就是使设计的零件结构便于加工成形且成本低、效率高。

零件结构工艺性分析的内容如下：

1）审查与分析零件图样中的尺寸标注方法是否符合数控加工的特点。

2）审查与分析零件图样中构成轮廓的几何元素的条件是否充分、正确。

3）审查与分析在数控车床上进行加工时零件结构的合理性。

3. 零件精度与技术要求分析

零件精度与技术要求分析的主要内容为：

1）分析零件的精度与各项技术要求是否齐全、合理。对采用数控车削加工的表面，其精度要求应该尽量一致，以便最后能够一次完成加工。

2）分析工序中的数控加工精度能否达到图样要求。注意给后续工序留出足够的加工余量。

3）找出零件图样中有较高位置精度要求的表面，决定这些表面能否在一次安夹中完成。

4）对零件表面粗糙度要求较高的表面或对称表面，确定是否使用恒线速功能进行切削加工。

4. 零件图形的数学处理和编程尺寸的计算

在程序编写过程中，编程人员必须充分掌握构成零件轮廓的几何要素参数及各几何要素间的关系。因为在自动编程时，要对零件轮廓的所有几何元素进行定义；手工编程时，要计算出每个刀位点的坐标，无论哪一点不明确或不确定，编程都无法进行。零件图形的数学处理结果将用于编程，其结果的正确性将直接影响最终的加工结果。

二、数控车削工艺路线的拟定

1. 工序的划分

工序的划分可以采用两种不同原则，即工序集中原则和工序分散原则。

（1）工序集中原则　在一道工序中加工尽可能多的内容，使工序的总数量减少。这样不仅减少了夹具的数量和零件的装夹次数，还保证了各表面间的相互位置精度。

（2）工序分散原则　加工零件的过程分散在较多的工序中进行，每道工序的加工内容很少。其优点是采用的加工设备结构简单，调整和维修方便；有利于选择合理的切削用量。

在数控车床上加工零件时，一般应按工序集中原则划分工序，在一次安装中尽可能加工大部分或全部的零件表面。对于不能在一台数控车床上加工的零件，应以车床为单位划分加工工序，无论在数控车床上完成多少表面的加工，都应力求设计基准、工艺基准和编程原点的统一。

2. 加工顺序的安排

在数控车床上加工零件时，零件车削加工顺序的安排一般遵循下列原则。

（1）先粗后精　为了提高生产效率并保证零件的加工质量，切削加工时应先安排粗加工工序，在较短的时间内，将精加工前大量的加工余量去掉，同时应尽量满足精加工的余量均匀性要求。

（2）先近后远　这里所说的远与近是对加工部位相对于对刀点的距离大小而言的。在一般情况下，特别是在粗加工时，通常先加工离对刀点近的部位，后加工离对刀点远的部位，以便缩短刀具的移动距离，减少空行程时间。

（3）先内后外　对既要加工内表面、内型腔，又要加工外表面的零件，通常先加工内型腔，后加工外表面。

（4）刀具集中　同一把刀具连续加工完成相应各部位后，再更换另一把刀具，加工零件相应的其他部位，以减少空行程时间和换刀时间。

3. 进给路线的确定

进给路线是指刀具从起刀点开始运动起，直至返回该点并结束加工程序所经过的路径，包括刀具引入、切出等非切削空行程。

（1）刀具引入、切出　在数控车床上进行加工时，尤其是精车时，要妥善考虑刀具的切入、切出路线，尽量使刀具沿轮廓的切线方向引入、切出，以免因切削力突然变化而造成零件的弹性变形，致使光滑连接轮廓上产生表面划伤、形状突变或滞留刀痕等缺陷。

（2）确定最短的空行程路线　确定最短的空行程路线，除了要依靠大量的实践经验外，还应善于分析，必要时可辅以一些简单的计算。

（3）确定最短的切削进给路线　在保证加工质量的前提下，使加工程序具有最短的切削进给路线，可有效地提高生产效率，减少一些不必要的刀具损耗。在安排粗加工或半精加工的切削进给路线时，应同时兼顾被加工零件的刚性及加工的工艺性等要求。

三、数控车削刀具的选择

刀具的选择是数控加工工艺中的重要内容，它不但影响数控车床的加工效率，而且直接影响加工质量。与传统加工方法相比，数控加工对刀具的要求在刚性和使用寿命方面更为严格。应根据数控车床的加工能力、工件材料的性能、加工工序、切削用量及其他相关因素正确选用刀具和刀柄。

刀具选择的总原则是：既要求精度高、强度大、刚性好、使用寿命长，又要求尺寸稳定，安装调整方便。在满足加工要求的前提下，应尽量选择较短的刀柄，以提高刀具的刚性，并应便于编程和操作。车削内、外轮廓时，须防止主、副后刀面与工件表面发生干涉，应根据零件的结构特征选择相应的主、副偏角，必要时可作图计算检验。

目前所使用的金属切削刀具的材料主要有五类：高速钢、硬质合金、陶瓷、立方氮化硼（CBN）和聚晶金刚石。各种切削刀具的结构及材料的选择原则为：

1）根据数控加工对刀具的要求，选择刀具材料的一般原则是尽量选用硬质合金刀具。只要加工情况允许选用硬质合金刀具，就不选用高速钢刀具。

2）陶瓷刀具不仅可用于加工各种铸铁和钢料，也适用于加工有色金属和非金属材料。使用陶瓷刀片时，无论什么情况都要用负前角，为了不易崩刃，必要时可将刃口倒钝。

3）金刚石和立方氮化硼都属于超硬刀具材料，可用于加工任何硬度的工件材料。它们具有很高的切削性能，加工精度高，表面粗糙度值小，一般需要使用切削液。聚晶金刚石刀片一般用于加工有色金属和非金属材料；立方氮化硼刀片一般适于加工冷硬铸铁、合金结构钢、工具钢、高速钢、轴承钢，以及硬度不小于350HBW的镍基合金、钴基合金和高钴粉末冶金零件。

4）从刀具的结构应用方面来说，数控加工应尽量采用镶块式机夹可转位刀片，以缩短刀具磨损后的更换和预调时间。

5）选用涂层刀具可提高耐磨性和使用寿命。

选择加工刀具时，应考虑被加工的几何要素、材料和加工性质等因素，对这些因素进行综合分析后，便可确定刀具的类型、几何参数和刀片的形状等。

四、数控车削切削用量的选择

数控车床加工中的切削用量包括主轴转速或切削速度、进给速度或进给量及背吃刀量。切削用量的选择是否合理对切削力、刀具磨损、加工质量和加工成本均有显著的影响。选择切削用量时，应在保证加工质量和刀具使用寿命的前提下，充分发挥数控车床的性能和刀具的切削性能，使切削效率提高，加工成本降低。切削用量的大小应根据加工方法合理选择，并在编程时将切削用量数值编入程序中。

选择切削用量的原则是：粗加工时，一般以提高生产率为主，兼顾经济性和加工成本；半精加工和精加工时，应在保证加工质量的前提下，兼顾切削效率、经济性和加工成本。具体数值应根据数控车床说明书、切削用量手册，并结合经验而定。

（1）背吃刀量的确定　背吃刀量应在数控车床、工件和刀具刚度允许的情况下，根据加工余量确定。加工时，应尽量选取较大的背吃刀量，以减少进给次数，提高生产率。当零件精度要求较高时，通常留0.2~0.5mm的精车余量。

（2）主轴转速 n 的确定　在保证刀具使用寿命及切削负荷不超过数控车床额定功率的情况下，主轴转速应根据零件上被加工部位的直径，并按零件和刀具的材料及加工性质等条件确定。

（3）进给速度的确定　进给速度的大小直接影响表面粗糙度值和切削效率，因此应在保证表面质量的前提下，尽量选择较高的进给速度。一般根据零件的表面粗糙度、刀具及工件的材料等因素，查阅切削用量手册进行选择。

表0-1为硬质合金外圆车刀切削速度的参考值，表0-2为硬质合金车刀粗车外圆及端面的进给量，表0-3为按表面粗糙度选择进给量的参考值。

表0-1　硬质合金外圆车刀切削速度的参考值

工件材料	热处理状态	$a_p=0.3\sim2$mm	$a_p=2\sim6$mm	$a_p=6\sim10$mm
		$f=0.08\sim0.3$mm/r	$f=0.3\sim0.6$mm/r	$f=0.6\sim1$mm/r
		v_c/(m/min)	v_c/(m/min)	v_c/(m/min)
低碳钢	热轧	140~180	100~120	70~90
	热轧	130~160	90~110	60~80
中碳钢	热轧	130~160	90~110	60~80
	调质	100~130	70~90	50~70
合金结构钢	热轧	100~130	70~90	50~70
	调质	80~110	50~70	40~60

（续）

工件材料	热处理状态	$a_p=0.3\sim2$mm	$a_p=2\sim6$mm	$a_p=6\sim10$mm
		$f=0.08\sim0.3$mm/r	$f=0.3\sim0.6$mm/r	$f=0.6\sim1$mm/r
		v_c/(m/min)	v_c/(m/min)	v_c/(m/min)
工具钢	退火	90~120	60~80	50~70
灰铸铁	HBW<190	90~120	60~80	50~70
	HBW=190~225	80~110	50~70	40~60
高锰钢	—	—	10~20	—
铜及铜合金	—	200~250	120~180	90~120
铝及铝合金	—	300~600	200~400	150~200
铸铝合金	—	100~180	80~150	60~100

表 0-2 硬质合金车刀粗车外圆及端面的进给量

工件材料	车刀刀杆尺寸 $B\times H$/mm×mm	工件直径 d_w/mm	背吃刀量 a_p/mm				
			≤3	3~5	5~8	8~12	>12
			进给量 f/(mm/r)				
碳素结构钢、合金结构钢、耐热钢	16×25	20	0.3~0.4	—	—	—	—
		40	0.4~0.5	0.3~0.4	—	—	—
		60	0.5~0.7	0.4~0.6	0.3~0.5	—	—
		100	0.6~0.9	0.5~0.7	0.5~0.6	0.4~0.5	—
		400	0.8~1.2	0.7~1.0	0.6~0.8	0.5~0.6	—
	20×30、25×25	20	0.3~0.4	—	—	—	—
		40	0.4~0.5	0.3~0.4	—	—	—
		60	0.5~0.8	0.5~0.8	0.4~0.6	—	—
		100	0.8~1.0	0.7~0.9	0.5~0.7	0.4~0.7	—
		400	1.2~1.4	1.0~1.2	0.8~1.0	0.6~0.9	0.4~0.6
铸铁、铜合金	16×25	40	0.4~0.5	—	—	—	—
		60	0.5~0.8	0.5~0.8	0.4~0.6	—	—
		100	0.8~1.2	0.7~1.0	0.6~0.8	0.5~0.7	—
		400	1.0~1.4	1.0~1.2	0.8~1.0	0.6~0.8	—
	20×30、25×25	40	0.4~0.5	—	—	—	—
		60	0.5~0.9	0.5~0.8	0.4~0.7	—	—
		100	0.9~1.3	0.8~1.2	0.7~1.0	0.5~0.8	—
		400	1.2~1.8	1.2~1.6	1.0~1.3	0.9~1.1	0.7~0.9

表 0-3 按表面粗糙度选择进给量的参考值

工件材料	表面粗糙度 Ra/μm	切削速度范围 v_c/(m/min)	刀尖圆弧半径 r_g/mm		
			0.5	1.0	2.0
			进给量 f/(mm/r)		
铸铁、青铜、铝合金	5~10	不限	0.25~0.40	0.40~0.50	0.50~0.60
	2.5~5		0.15~0.25	0.25~0.40	0.40~0.60
	1.25~2.5		0.10~0.15	0.15~0.20	0.20~0.35

（续）

工件材料	表面粗糙度 $Ra/\mu m$	切削速度范围 $v_c/(m/min)$	刀尖圆弧半径 r_g/mm		
			0.5	1.0	2.0
			进给量 $f/(mm/r)$		
碳钢、合金钢	5～10	<50	0.30～0.50	0.45～0.60	0.55～0.70
		>50	0.40～0.55	0.55～0.65	0.65～0.70
	2.5～5	<50	0.18～0.25	0.25～0.30	0.30～0.40
		>50	0.25～0.30	0.30～0.35	0.30～0.50
	1.25～2.5	<50	0.10	0.11～0.15	0.15～0.22
		50～100	0.11～0.16	0.16～0.25	0.25～0.35
		>100	0.16～0.20	0.20～0.25	0.25～0.35

切削用量的确定除了应遵循“切削用量的选择”的有关规定外，还应考虑以下因素：

1）刀具差异。不同厂家生产的刀具的质量差异较大，因此切削用量必须根据实际使用刀具和现场经验加工修整。

2）数控车床的特性。切削用量受数控车床电动机的功率和数控车床刚性的限制，必须在说明书规定的范围内选取。避免因功率不够而发生闷车，因刚性不足而产生大的机床变形或振动，从而影响加工精度和表面粗糙度的情况。

3）数控车床的生产效率。数控车床的工时费用较高，刀具损耗费用所占的比重较低，应尽量用大的切削用量，通过适当降低刀具寿命来提高数控车床的生产效率。

五、数控车削加工工艺技术文件的编写

数控加工工艺文件既是数控加工、产品验收的依据，又是操作者应遵守、执行的规程，还为重复使用做了必要的工艺资料积累。数控加工工艺文件主要包括数控加工工序卡、刀具卡和数控加工程序单。

1. 数控加工工序卡

数控加工工序卡是编制加工程序的主要依据，也是操作人员进行数控加工的指导性文件。数控加工工序卡包括工步号、工步内容、各工步使用的刀具和切削用量等，见表0-4。

表0-4　数控加工工序卡

数控加工工序卡		产品名称		零件图号		夹具名称	工序号
工步号	工步内容	切削用量			刀具		备注
		主轴转速 $n/(r/mm)$	进给速度 $f/(mm/r)$	背吃刀量 a_p/mm	编号	名称	
编制		审核		批准		共1页	第1页

2. 刀具卡

数控加工对刀具的要求十分严格。刀具卡主要反映刀具号、刀具名称及规格、刀具参数等，见表0-5。

表0-5 刀 具 卡

序 号	刀具号	刀具名称及规格	刀尖半径	加工表面	备 注

3. 数控加工程序单

数控加工程序单是操作者根据工艺分析，经过数值计算，按照数控车床数控系统指令代码特点编制的。它是记录数控加工工艺过程、工艺参数、位移数据的清单，是手动数据输入实现数控加工的主要依据，见表0-6。

表0-6 数控加工程序单

序 号		零件图号		编程原点	
程序号		数控系统		编 制	
程 序			说 明		

思考与练习

1. 试述数控车削加工工艺的主要内容。
2. 数控车削切削刀具的选择原则是什么？
3. 数控车削切削用量的选择原则是什么？

第二章　数控车削编程高级指令

第一节　刀尖半径补偿

在车削加工中，为提高刀尖强度，降低表面粗糙度值，车刀尤其是精车刀，常在刀尖处刃磨成圆弧过渡刃。由于该圆弧刃的存在，使得在加工圆锥和圆弧面时，会产生欠切或过切的现象，从而使工件尺寸产生加工误差。

一、刀尖圆弧半径的概念

任何一把刀具，不论制造或刃磨得如何锋利，在其刀尖部分都存在一个刀尖圆弧，其半径值难以准确地测量出来。编程时，若以假想刀尖位置为切削点，则编程会很简单。任何刀具都存在刀尖圆弧，车削外圆柱面或端面时，刀尖圆弧的大小并无影响；车削倒角、锥面、圆弧或曲面时，刀尖圆弧的大小则会影响零件的加工精度。图 0-1 为刀尖半径补偿示意图。

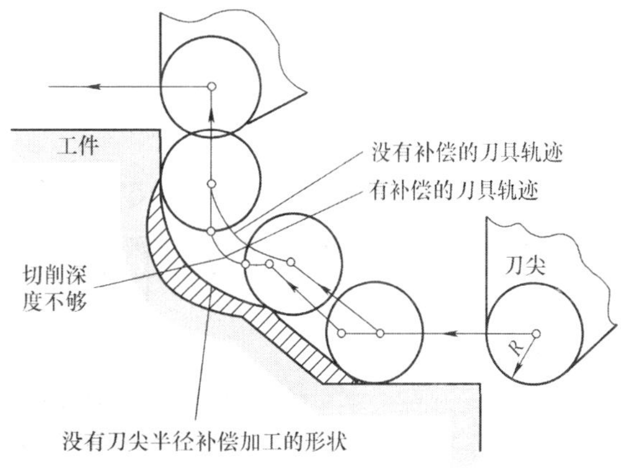

图 0-1　刀尖半径补偿示意图

数控系统的刀尖半径补偿功能正是为解决上述问题而设定的。它允许编程者以假想刀尖的位置编程，然后给出刀尖的圆弧半径，由系统自动计算补偿值，生成刀具路径，完成对工件的合理加工。

二、刀尖半径补偿指令

编制轮廓切削加工的程序时，一般以工件的轮廓尺寸为刀尖轨迹，这样编制加工程序简单，即假设刀尖中心的运动轨迹沿工件轮廓运动，但实际的刀尖运动轨迹要与工件轮廓有一个偏移量（刀尖半径）。利用刀尖半径补偿功能可以方便地实现这一转变，简化程序的编制，数控车床可自动判断补偿的方向和补偿值的大小，自动计算出实际刀尖的中心轨迹，并按刀尖中心的轨迹运动。

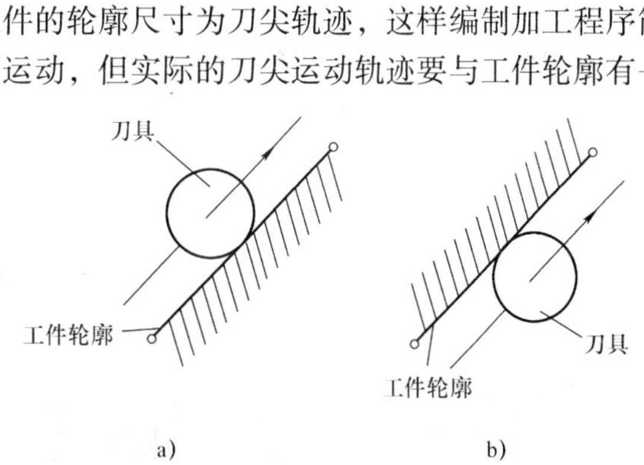

图 0-2　刀尖半径补偿
a）刀尖半径左补偿　b）刀尖半径右补偿

1. 刀尖半径补偿指令的种类

（1）G41 刀尖半径左补偿　如图 0-2a 所示，顺着刀具前进的方向看（假定工件不动），刀具位于工件轮廓的左边。

（2）G42 刀尖半径右补偿　如图 0-2b

所示，顺着刀具前进的方向看（假定工件不动），刀具位于工件轮廓的右边。

（3）G40 取消刀尖半径补偿指令

格式：

$$\left.\begin{matrix}\left.\begin{matrix}G41\\G42\end{matrix}\right\}G01\\G40\quad G00\end{matrix}\right\}X(U)\_\_Z(W)\_\_$$

说明：G41、G42、G40 必须与 G01 或 G00 指令组合完成；X(U)、Z(W)是 G01、G00 指令的目标点坐标。

2. 刀尖半径补偿量的设定

刀尖半径补偿的建立与取消只能使用 G00 或 G01 指令，不能使用 G02 或 G03 指令。在刀尖圆弧半径补偿寄存器中，定义了车刀圆弧半径及刀尖的方向号。

根据车刀的形状确定位置参数，数控车削使用的刀具有很多种，不同类型的车刀其刀尖圆弧所处的位置也不同，如图 0-3 所示，车刀的形状和位置用刀尖方位参数 T 表示，点 A 为假想的刀尖点。刀尖的方位参数共有八个，当使用刀尖圆弧中心编程时，可以选用 0 或 9。图 0-3a 所示为刀架前置的数控车床的假想刀尖位置，图 0-3b 所示为刀架后置的数控车床的假想刀尖位置。

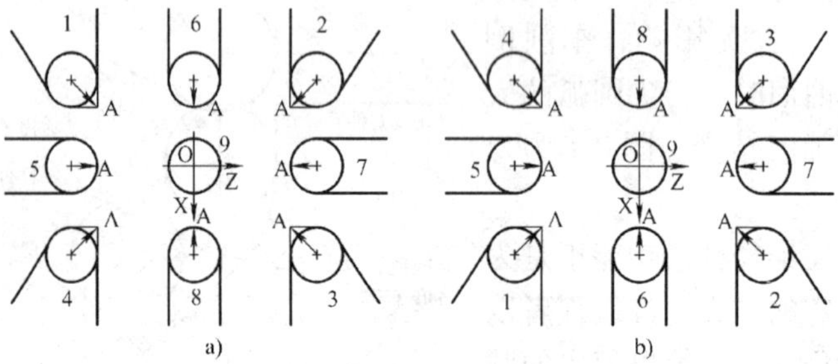

图 0-3　车刀刀尖位置参数的定义

a）刀架前置　b）刀架后置

三、应用举例

零件如图 0-4 所示，采用刀尖半径补偿编程。编程原点选在工件右端面的中心处，在配置后置刀架的数控车床上进行加工。其数控加工程序见表 0-7。

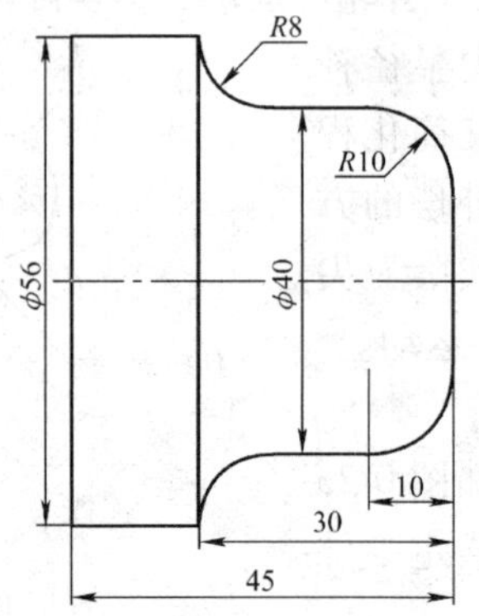

图 0-4　刀尖半径补偿举例

表 0-7　刀尖半径补偿数控加工程序

程　序	说　明
O0021	程序名
N5　T0101;	调用 1 号刀(90°外圆车刀)
N10　M03　S1000;	设定转速
N15　G00　X60　Z20;	车刀快速定位
N20　X60　Z0;	准备车削端面
N25　G01　X0　F0.15;	车削端面
N30　G00　X150　Z150;	刀具回换刀点
N35　T0202;	调用 2 号刀(25°精车刀)
N40　G00　X65　Z10;	精车外圆
N45　G42　G01　X60　Z0　F0.15;	
N50　X20;	
N55　G03　X40　Z-10　R10;	
N60　G01　W-12;	
N65　G02　X56　Z-30　R8;	
N70　G01　Z-50;	
N75　G40　G00　X60　Z-55;	
N80　X150　Z150　M05;	刀具回换刀点,主轴停转
N85　M30;	程序结束

第二节　子　程　序

一、子程序的概念

在某些被加工的零件中，常常会出现几何形状完全相同的加工轨迹，编制其加工程序时，有一些固定顺序和重复模式的程序段，通常在几个程序中都会使用。这种典型的加工程序段可以做成固定程序，并单独命名，这些程序就称为子程序。

子程序可以被主程序调用，子程序也可以调用另一个子程序。从主程序调用的子程序称为 1 级嵌套，子程序的调用最多可嵌套 4 级，如图 0-5 所示。

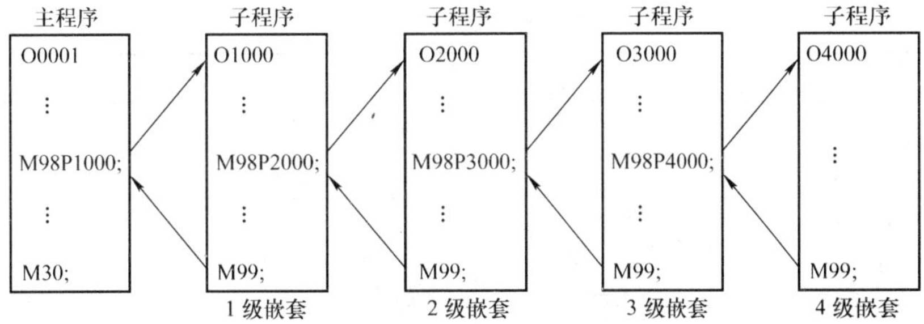

图 0-5　子程序的嵌套

二、子程序的调用与返回指令

（1）子程序的调用 M98

指令格式 1：M98 P_ L_；

式中　P——子程序号；

L——重复调用子程序的次数，若为 1 次，可省略。

指令格式 2：M98 P○□□□□；

式中　○——重复调用子程序的次数，若为 1 次，可省略；

□□□□——子程序号。

例：M98　P30023，表示程序号为 0023 的子程序被连续调用 3 次。

（2）子程序的返回 M99

指令格式：M99；

M99 作为子程序的最后一条程序段，表示子程序结束，并返回主程序中相对应的 M98 指令的下一条程序继续执行。

三、应用举例

加工如图 0-6 所示的零件，已知毛坯为 ϕ35mm 的棒料。

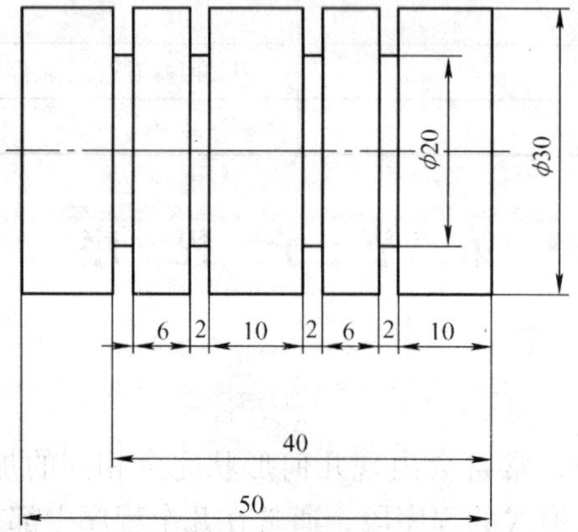

图 0-6　子程序应用举例

刀具：T0101 外圆车刀、T0303 切槽刀，宽度为 2mm，其数控加工程序见表 0-8。

表 0-8　数控加工程序

程　序	说　明
O0022	程序名
N10　M03　S600　T0101；	设定转速，换 1 号刀
N20　G00　X35　Z0；	车削端面
N30　G01　X－1　F0.2；	
N40　G00　Z2；	
N50　G00　X30；	

（续）

程　序	说　明
N60　G01　Z－55　F0.2；	车削外圆
N70　X35；	
N80　G00　X100　Z100；	
N90　M03　S400　T0303；	换3号刀，设定转速
N100　X35　Z0；	快速移动至起刀点
N110　M98　P20221；	调用子程序O0221，调用2次
N120　G0　W－12；	快速移动至切断位置
N130　G01　X－1　F0.15；	切断
N140　G04　X0.5；	暂停0.5s
N150　G00　X100　Z100　M05；	回换刀点
N160　M30；	程序结束
O0221	子程序名
N10　G00　W－12；	快速移动至切槽位置
N20　G01　U－15　F0.15；	切槽
N30　G04　X0.5；	停留0.5s
N40　G00　U15；	快速移动，径向退刀
N50　W－8；	快速移动至切槽位置
N60　G01　U－15　F0.15；	切槽
N70　G04　X0.5；	停留0.5s
N80　G00　U15；	快速移动，径向退刀
N90　M99；	子程序结束，返回主程序

第三节　宏　程　序

在加工一些非圆曲线轮廓时，如椭圆、抛物线、双曲线等，由于其要求计算的点位数较多，不能用以前学过的指令来编制程序，而必须用适应性较好的宏程序来编程。

一、用户宏程序

1. 用户宏程序的概念

通常把能够完成某一功能的系列指令存入数控系统，用一个总指令来代表，使用时，只需给出这个总指令就能够执行其功能。这一系列的指令称为宏程序。

用户宏程序的最大特点是：可以实现变量赋值、加减运算、逻辑判断、条件转移判断及条件转移等功能，从而使程序应用更加灵活、方便。借助用户宏指令可以编制特殊轮廓零件的加工程序，减少手工编程时的繁琐数值计算，简化了用户程序。

FANUC-0i 系统提供两种用户宏程序，即用户宏程序功能 A 和用户宏程序功能 B。用户宏程序功能 A 是 FANUC 系统的标准配置功能，任何 FANUC 系统都具备此功能；用户宏程序功能 B 虽然不是 FANUC 系统的标准配置功能，但绝大部分的 FANUC 系统都支持用户宏程序功能 B。

2. 变量

（1）变量的表示方法　变量由变量符号“#”和后面的变量号组成，如#i（i=1，2，…），也可由表达式表示，如#[#1+#2-60]。

（2）变量的使用　变量将跟随在一个地址后的数值用一个变量来代替，即引入了变量。

例：x=#1　若#1=36，则 x 为 36；

当#2=50 时，F#2 表示 F50。

（3）变量的类型　变量从功能上主要归纳为两种：系统变量，用于系统内部运算时各种数据的存储；用户变量，包括局部变量和公共变量，用户可以单独使用，系统将其作为处理资料的一部分。变量类型见表 0-9。

表 0-9　变量类型

变量名		类型	功能
#0		空变量	该变量总为空，没有值能赋予该变量
用户变量	#1～#33	局部变量	局部变量只能在宏程序中存储数据，如运算结果。断电时，局部变量清除（初始化为空） 可以在程序中对其赋值
	#100～#199、#500～#999	公共变量	公共变量在不同宏程序中的意义相同（即公共变量对于主程序和从这些主程序调用的每个宏程序来说是公用的）。#100～#199 数据在断电时清除（初始化为空），通电时复位到“0”；而#500～#999 数据即使在断电时也不清除
#1000 以上		系统变量	系统变量用于读和写 CNC 运行时各种数据的变化，如刀具当前位置和补偿值等

（4）算术运算

1）算术运算符。包括+、-、*、/，分别表示加减乘除。

2）函数运算。包括正弦（SIN）、余弦（COS）、正切（TAN）、平方根（SQRT）等。

3）逻辑运算。包括与（AND）、或（OR）、非（NOT）等。

4）条件运算符。包括等于（EQ）、不等于（NE）、大于（GT）、小于（LT）、大于等于（GE）、小于等于（LE）等。

5）混合运算表达式。将常量、函数及宏变量等用运算符号按一定规则链接起来构成的表达式。

例如：#1=175-cos[[#3*55*PI/180]+#2]

#4*9GE3

3. 程序跳转功能

在程序中，使用 GOTO 语句和 IF 语句可以改变程序的流向，有三种转移和循环操作可供使用。

（1）无条件转移（GOTO 语句）　转移到标有顺序号 n 的程序段，当指定 1～99999 以外的顺序号时，出现报警，可用表达式指定顺序号。

格式：GOTO n；

例：GOTO 15；即转移至 15 行。

（2）条件转移（IF 语句）　IF 之后指定条件表达式。当指定的表达式满足时，转移到标有顺序号 n 的程序段；如果指定的条件表达式不满足，则执行下一个程序段。

格式：IF[<条件表达式>] GOTO n；

（3）循环（WHILE 语句）　在 WHILE 后指定一个条件表达式，当指定条件满足时，执行 DO 到 END 之间的程序；否则转到 END 后的程序段。

格式：WHILE[<条件表达式>]　DO m；

　　END m；

其中 m 为 1、2、3。

二、用户宏程序功能 B

用户宏程序功能 B 包括宏程序非模态调用、宏程序模态调用、用 G 代码调用宏程序、用 M 代码调用宏程序、用 M 代码调用子程序、用 T 代码调用子程序六种调用方法。

1. 宏程序非模态调用 G65 的编程格式

功能：指定 G65 时，调用以地址 P 指定的用户宏程序，数据（自变量）能传递到用户宏程序中。

格式：G65 P_ L_ <自变量赋值>；

式中　P_ ——要调用的程序号；

L_ ——重复次数（默认值为 1）；

<自变量赋值> ——自变量赋值由地址符及数值（带小数点）构成，由它给宏程序中相应的变量赋予实际数值。

2. 自变量赋值

自变量赋值又称为自变量指定，即当向用户宏程序本体传递数据时，须由自变量赋值来指定，其值可以有符号和小数点，且与地址无关。这里使用的是局部变量（#1～#33，共有 33 个），与其对应的自变量赋值共有以下两种类型。

自变量赋值Ⅰ：用英文字母后加数值进行赋值。除了 G、L、O、N 和 P 之外，其余 21 个英文字母都可以给自变量赋值，每个字母赋值一次。赋值不必按字母顺序进行，但使用 I、J、K 时，必须按字母顺序指定（赋值），不赋值的地址可以省略。

自变量赋值Ⅱ：使用 A、B、C 和 Ii、Ji、Ki（i 为 1～10）赋值，同组的 I、J、K 必须按字母顺序指定，不赋值的地址可以省略。

自变量赋值的其他说明如下：

1）自变量赋值Ⅰ、Ⅱ的混合使用。CNC 内部自动识别自变量赋值Ⅰ和Ⅱ，如果由自变量赋值Ⅰ和Ⅱ混合赋值，则较后赋值的自变量类型有效（以从左到右的书写顺序为准，左为先，右为后）。建议在实际编程时，使用自变量赋值Ⅰ进行赋值。

2）小数点的问题。没有小数点的自变量数据的单位为各地址的最小设定单位。传递的没有小数点的自变量的值，将根据数控车床实际的系统配置而定。建议在宏程序调用中一律使用小数点。

3）调用嵌套。调用可以4级嵌套，包括非模态调用（G65）和模态调用（G66），但不包括子程序调用（M98）。

4）局部变量的级别。局部变量嵌套从0级到4级，主程序为0级。用G65或G66调用宏程序时，每调用一次（2级、3级、4级），局部变量级别加1，而前一级的局部变量值保存在CNC中，即每级局部变量（1级、2级、3级）被保存，下一级的局部变量（2级、3级、4级）被准备，可以进行自变量赋值。在宏程序中执行M99时，控制返回到调用的程序，此时，局部变量级别减1，并恢复宏程序调用时保存的局部变量值，即上一级被储存的局部变量被恢复，如同它被储存一样，而下一级的局部变量被清除。

3. 模态调用指令G66

格式：G66 P _ L _ ＜自变量赋值＞；

……

G67；（取消用户宏程序）

功能：当程序执行了模态调用指令G66后，在G67指令取消之前，每执行一段有移动指令的程序段，就调用一次宏程序；在G66的程序段和没有移动命令的程序段不执行模态调用宏程序指令。

4. G代码调用宏程序

在主程序中，除了可以用G65、G66指令调用宏程序外，还可以用G代码调用宏程序。将调用宏程序用的G代码号设定在系统参数上，然后就可以像G65非模态调用指令一样调用宏程序。

格式：G×× ＜自变量赋值＞；

G××为调用宏程序的G代码。

为了实现用G代码调用宏程序的目的，需要将宏程序名与参数系统号进行对应设置。

三、应用举例

1. 椭圆的加工

加工如图0-7所示的工件，其毛坯为45钢、ϕ50mm×80mm的棒料。刀具为93°菱形外圆精车刀。椭圆长半轴为15mm，短半轴为12mm，椭圆长轴为Z轴，椭圆短轴为X轴。

椭圆编程的思路是：把整个椭圆分为N段，每段以直线段连接，当线段的数量分得足够多时，即可认为是椭圆了。应根据椭圆要求的加工精度对椭圆进行分段，精度要求越高，线段数量也越多。编制加工程序时，应主要考虑各点如何选取，并找出其中规律。根据椭圆的参数方程，椭圆上任意一点的坐标为X = acosα、Y = bsinα，可以每隔10°确定一点，将各点直线连接即可。如果精度达不到要求，可以将10°变为5°或1°等。

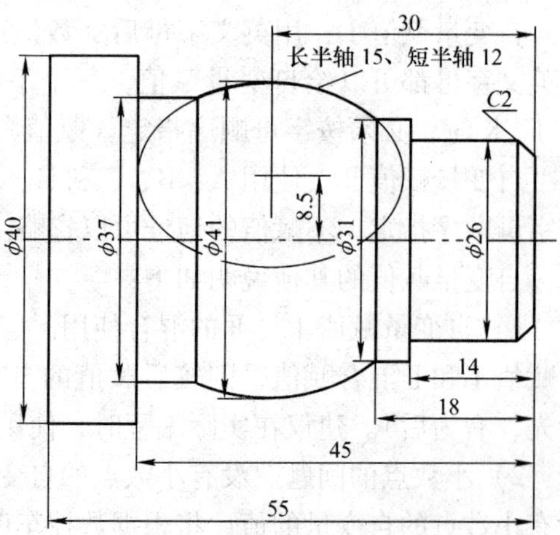

图0-7 宏程序应用举例1

根据标准方程 $\dfrac{(X-8.5)^2}{12^2}+\dfrac{(Z+30)^2}{15^2}=1$

得参数方程为　$X-8.5=12\sin\alpha$；$Z+30=15\cos\beta$

经计算 $\alpha=35.685°$（起始角）；$\beta=123.557°$（终止角）。

即椭圆的角度从 $\alpha=35.685°$到 $\beta=123.557°$，要加工成图样所示的形状和尺寸，其数控加工程序见表 0-10。

表 0-10　椭圆数控加工程序

程　序	说　明
O0023	程序名
N05　M03　S600　T0101；	仿形加工
N10　G00　X50　Z5；	
N15　G73　U11　R11；	
N20　G73　P25　Q110　U0.8　W0　F0.2；	循环语句体从行号为 25 处开始，到行号为 110 处结束；精加工余量为单边 0.8mm，粗加工进给量为 0.2mm/r
N25　G00　X22；	快速移动，精加工轮廓开始
N30　G01　G42　Z0　F0.1；	建立刀补
N35　G01　X26　Z-2；	倒角
N40　G01　Z-14；	车削外圆
N45　G01　X31　C1；	倒角
N50　G01　Z-18	车削外圆
N55　#1=35.685；	起始角赋值
N60　WHILE　[#1　LE　123.557]　DO1；	当起始角小于 123.557°时，执行以下程序
N65　#2=24*sin[#1]；	根据参数方程计算 X 向数值
N70　#3=15*cos[#1]；	根据参数方程计算 Z 向数值
N75　G01　X[#2+17]　Z[#3-30]；	刀具移动到指定坐标
N80　#1=#1+1；	每次步进 1°
N85　END1；	循环结束
N90　G01　Z-45；	精加轮廓
N95　G01　X48　C1；	
N100　G01　Z-55；	
N105　G01　X50；	
N110　G00　Z5；	精加工轮廓结束
N115　G00　G40　X100　Z100　M05；	刀补取消，主轴停转
N120　M00；	程序暂停，测量工件尺寸
N125　M03　S1000　T0202；	精车循环
N130　G00　X50　Z5；	
N135　G70　P1　Q2；	
N140　G00　G40　X100　Z100　M05；	刀补取消，主轴停转
N145　M30；	程序结束

说明：

1）上述程序适用于不同起始点、不同角度的椭圆的加工，加工不同尺寸的椭圆零件时不必修改宏程序，只需修改相应变量的赋值数据就可以了。

2）如果椭圆的起始点、终止点数值固定，而长半轴、短半轴变化，则在编制宏程序时，只需将长半轴、短半轴以#10、#20 赋值，按照椭圆标准方程或参数方程编写就可以了。

2. 抛物线的加工

加工如图 0-8 所示的工件，其毛坯为 45 钢、$\phi30\text{mm}\times35\text{mm}$ 的棒料。刀具为 93°菱形外圆精车刀。抛物线方程式为 $Z=-X^2/10$。

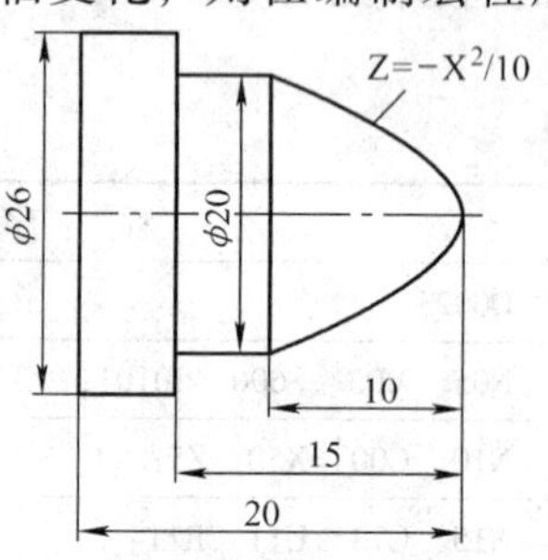

图 0-8　宏程序应用举例 2

抛物线数控程序的编写思路与椭圆的一致，主要区别在于变量赋值等过程。在变量赋值中，#1 =0 为 X 轴的变量，#2 =0 为 Z 轴的变量，WHILE 语句至 END 语句间是抛物线的拟合加工，程序每次步进距离为 0. 1mm，即 X 方向的变化量为 0. 1mm，抛物线以 ENDm 语句结束。其数控加工程序见表 0-11。

表 0-11　抛物线数控加工程序

程　序	说　明
O0024	程序名
N05　M03　S600　T0101；	参数设定
N10　G00　X32　Z2；	刀具快速移到指定点
N15　G73　U10　R10；	仿形加工
N20　G73　P25　Q95　U0. 6　W0. 1　F0. 2；	循环语句体从行号为 25 处开始，到行号为 95 处结束；精加工余量为单边 0. 6mm，长度方向 0. 1mm，粗加工进给量为 0. 2mm/r
N25　G00　G42　X0；	建立刀补，精车轮廓开始
N30　G01　Z0　F0. 1；	设定精加工进给量
N35　#1 =0；	X 坐标初始化
N40　#2 =0；	Z 坐标初始化
N45　WHILE　[#2　LE　10]　D01；	当 Z 坐标值小于等于 10 时，执行下面的程序
N55　#2 = #1 * #1/10；	抛物线方程，抛物线上任意一点的坐标值
N60　G01　X[2 * #1]　Z[- #2]　F0. 1；	进给到当前位置
N65　#1 = #1 +0. 1；	X 坐标步进 0. 1mm
N70　END1；	循环结束
N75　G01　Z - 14；	精车轮廓
N80　G01　X26；	
N85　G01　Z - 20；	
N90　G01　X30；	
N95　G00　Z5；	精车轮廓结束

（续）

程　　序	说　　明
N100　G00　G40　X100　Z100　M05；	主轴停转
N105　M00；	程序暂停，测量工件
N110　M03　S1000　T0202；	换刀，设定参数
N115　G00　X32　Z5；	精车循环
N120　G70　P1　Q2；	
N125　G00　G40　X100　Z100　M05；	刀具回换刀点，主轴停转
N130　M30；	程序结束

3. 梯形螺纹的加工

加工如图 0-9 所示的工件，其毛坯为 45 钢、ϕ45mm×60mm 棒料。工件有一处梯形螺纹 Tr40×6－7e。

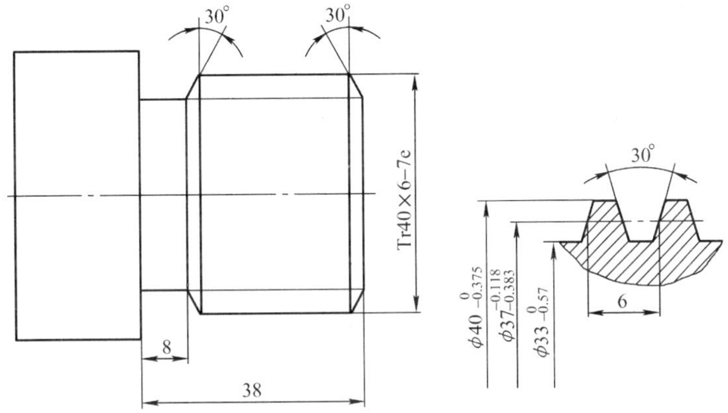

图 0-9　宏程序应用举例 3

用数控车床车削梯形螺纹通常采用高速切削，切削速度约为 80m/min；车削直径为 ϕ40mm 的螺纹时，主轴转速约为 500r/min。由于螺纹牙槽较深，切削困难，螺纹车刀切入越深，切削面积越大，切削抗力就越大，所以应采用直进法进给。每次的进给深度应小于前一次的进给深度，以免崩刀。

采用直进法车削螺纹需要多次进给，刀具的运行往复次数较多，如用 G32 指令编程则程序较大，因此不宜采用。用单一螺纹循环 G92 指令结合宏程序，可简单快捷地编制出螺纹加工程序，其数控加工程序见表 0-12。

表 0-12　梯形螺纹数控加工程序

程　　序	说　　明
O0025	程序名
…	
N60　T0101；	调用 1 号车刀
N65　M03　S500；	设定转速

（续）

程　　序	说　　明
N70　G0　X50　Z5；	
N75　#1 =40	#1 参数控制每次进给深度，若机床刚性不足，则可将数值适当减小
N80　WHILE　#1　GE　33　DO1	
N85　#1 = #1 -0.1	
N90　G92　X[#1]　Z-25　F6	
N95　END1	
N100　G00　X100　Z1	
…	

思考与练习

1. 刀尖半径补偿指令包括哪几种？分别有什么作用？
2. 什么是子程序嵌套，子程序如何调用？
3. 什么是宏程序？请举例说明如何调用宏程序。

第三章 数控车削自动编程

在数控车床上编辑程序时有两种方式，一种是手工编程，另一种是自动编程。手工编程是指采用各种数学方法，使用一般的计算工具，人工地对所要使用的数据和运算进行处理；自动编程是指利用计算机，运用相关软件进行辅助编程。随着科技的发展，在航空、船舶、汽车、模具等制造业中，经常会有一些具有复杂形面的零件需要加工。此时如果用手工编程，则难以完成编程工作，也比较浪费时间；而采用装有编程系统软件的计算机来完成这些零件的编程工作，则能够节省大量的运算时间，效率较高。

第一节 数控车削自动编程概述

随着CAD/CAM技术的飞速发展和应用，国内外不少公司和研究单位先后推出了各种CAD/CAM支持软件。目前，在国内市场上销售比较成熟的CAD/CAM支持软件有十几种，这些软件在功能、价格、使用范围等方面有很大的差别。下面列举一些典型的CAD/CAM软件。

1. CAXA-ME系统

CAXA-ME是基于微机平台、面向机械制造业的全中文三维复杂形面加工的CAD/CAM软件。它具有2~5轴数控加工编程功能，以及较强的三维曲面拟合能力，可完成多种曲面的造型，特别适合模具加工的需要，并具有数控加工刀具路径仿真、检测和适用于多种数控车床的后置处理功能。

2. Master CAM系统

Master CAM是用于微机PC级的CAD/CAM软件。它是世界上装机量较多的CNC自动编程软件，一直是数控编程人员的首选软件之一。

3. MDT（Mechanical Desktop）系统

MDT是在PC平台上开发的三维机械CAD/CAM系统，它以三维设计为基础，集成设计、分析、制造及文档管理等多种功能为一体，为用户提供了从设计到制造一体化的解决方案。由于该软件与国内普及率最高的CAD软件——AutoCAD出自同一个公司，两者之间完全融为一体，对AutoCAD的老用户来说，可方便地实现由二维向三维的过渡，因此在国内应用较多。

4. GRADE/CUBE-NC系统

GRADE/CUBE-NC是基于UNIX工作站、支持从设计到加工过程的CAD/CAM系统。该软件的突出特点是：面向制造，在CAD方面注重产品的工艺设计，具备丰富的实用化曲面造型功能和较强的造型细节处理功能；在CAM方面注重加工性的研究与处理，提供了多种高效实用的加工方法；为数控加工编程提供了50多种走刀方式，以及多种进给和切入方法，有刀具路径编辑、走刀干涉检查等功能。

5. UG（Unigraphics）系统

UG系统是从二维绘图、数控加工编程、曲面造型等功能发展起来的，其本身以复杂曲面造型和数控加工功能见长，是同类产品中的佼佼者，并具有较好的二次开发环境和数据交换能力。它可以管理大型复杂产品的装配模型，进行多种设计方案的对比设计、优化，为企业提供产品设计、分析、加工、装配、检验、过程管理、虚拟运作的全数字化支持，从而形成多极化的全线产品开发能力。

现以 CAXA 数控车削自动编程软件为例，介绍计算机自动编程。

第二节　CAXA 数控车削自动编程软件简介

一、CAXA 数控车削自动编程软件的界面

CAXA 数控车自动编程软件的应用界面如图 0-10 所示。它与其他 Windows 软件的风格一样，各种应用功能通过菜单区和工具条驱动；由状态栏指导用户进行操作并提示当前状态和所处位置；绘图区显示各种绘图操作的结果，绘图区和参数输入栏同时为用户实现各种功能提供数据的交互。软件系统可以实现自定义界面布局。工具条中每一个图标都对应一个菜单命令，点击图标和点击菜单命令的效果是一样的。

图 0-10　CAXA 数控车削软件应用界面

1. 窗口布置

CAXA 数控车削自动编程软件的工作窗口分为绘图区、菜单区、工具条、参数输入栏（进入相应功能后出现）、状态栏五个部分。

绘图区是屏幕最大的部分，该区用于绘制和修改图形。

菜单区位于屏幕的顶部，立即菜单位于屏幕的左边。

工具条分为曲线编辑工具条、曲线生成工具条、数控车削功能工具条、标准工具条和显示工具条等。曲线编辑工具条位于绘图区的下方，曲线生成工具条和数控车削功能工具条位于屏幕的右侧，标准工具条和显示工具条位于菜单区的下方。

状态栏位于屏幕的底部，用于指导用户进行操作，并提示当前状态及所处位置。

2. 主菜单

菜单区包括系统的所有功能项，CAXA 数控车削自动编程软件把菜单项按不同的类别进行了分类，其基本分类如下。

（1）文件模块　主要对系统的文件进行管理，文件管理包括新建、打开、关闭、保存、另存为、数据输入、数据输出和退出等。

（2）编辑模块　主要对已有的对象进行编辑，包括撤销、恢复、剪切、复制、粘贴、删除、元素不可见、元素可见、元素颜色修改和元素层修改等。

（3）显示模块　主要对视图的状态进行显示，包括显示放大、显示旋转、显示平移、显示全局、显示近远、全屏显示和视角定位等。

（4）应用模块　分为曲线、变换和加工。它是最重要的模块，各种曲线生成、轨迹生成、后置处理、线面编辑和几何变换等功能组项都在其中。

（5）设置模块　用来设置当前工作状态、拾取状态和用户界面的布局。

（6）工具模块　包括坐标系、显示工具和查询。

3. 弹出菜单

CAXA 数控车削自动编程软件可将按空格键弹出的菜单作为当前命令状态下的子命令。在不同命令状态下有不同的子命令组，如果子命令是用来设置某种子状态的，则软件在状态栏中会显示提示命令。

4. 工具条

CAXA 数控车削自动编程软件提供的工具条有标准工具条、显示工具条、曲线生成工具条、数控车削功能工具条和曲线编辑工具条。工具条中的图标如图 0-11 所示。

图 0-11　工具条中的图标

二、CAXA 数控车削自动编程软件的使用步骤

1）分析零件的加工工艺。包括分析图样，拟定加工路线、装夹方法等。

2）绘制零件的加工轮廓。

3）生成刀具轨迹。包括设置零件毛坯、外轮廓的加工、内轮廓的加工等。

4）后置处理，生成代码。包括机床设置、后置处理、生成代码等。

第三节　典型零件的加工

现以图 0-12 所示螺纹轴为例，介绍 CAXA 数控车削自动编程软件绘制零件图、编制加工程序、仿真、生成 G 代码等的操作方法。

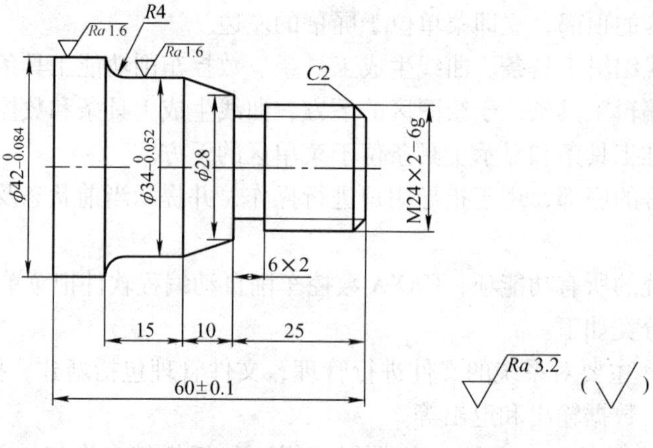

图 0-12　螺纹轴

一、分析零件的加工工艺

该零件的形状比较简单，由外圆柱面、圆锥面、圆弧、螺纹等构成，涉及的加工内容较全面。零件尺寸公差要求较小，没有位置度要求，两个外圆的表面粗糙度 *Ra* 值为 1.6μm。

车削该零件时，宜使用自定心卡盘对其定位夹紧。加工顺序按照由粗到精、由近到远的原则确定，先自右向左粗车外圆，然后自右向左精车外圆，其次车削退刀槽 6mm × 2mm，最后车削螺纹 M24 ×2。

二、绘制零件的加工轮廓

1）点击工具条中的“直线”按钮，在左下侧会出现直线立即菜单

。

2）将直线立即菜单设置成两点线、连续、正交、点到式。此时，界面左下方的系统提示区将显示“第一点（切点、垂足点）:”，要求输入直线的第一点。

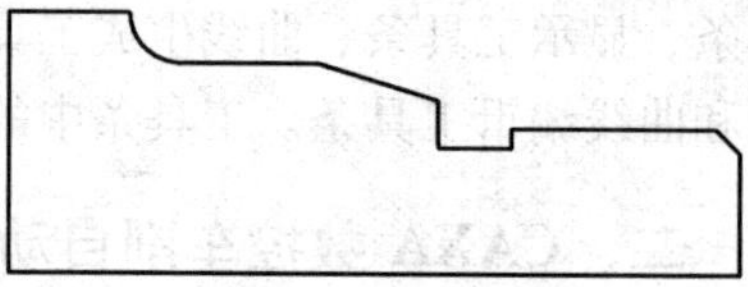

图 0-13　零件的加工轮廓

3）把鼠标移动到要画线的地方（坐标中点），点击左键确认。然后向左移动鼠标到指定距离，或通过键盘输入长度“60”，按下回车键或点击鼠标右键结束，便可生成一条直线。

4）按照相同的方法，根据图样要求依次输入线段的长度，用鼠标控制画线的方向，画出外圆轮廓，如图 0-13 所示。

5）把暂时不加工的槽用直线连接。

三、生成刀具轨迹

1. 绘制零件毛坯轮廓

在 CAXA 数控车削自动编程软件的 CAM 部分要选择工件的毛坯轮廓，所以必须绘制该零件的毛坯轮廓，如图 0-14 所示。

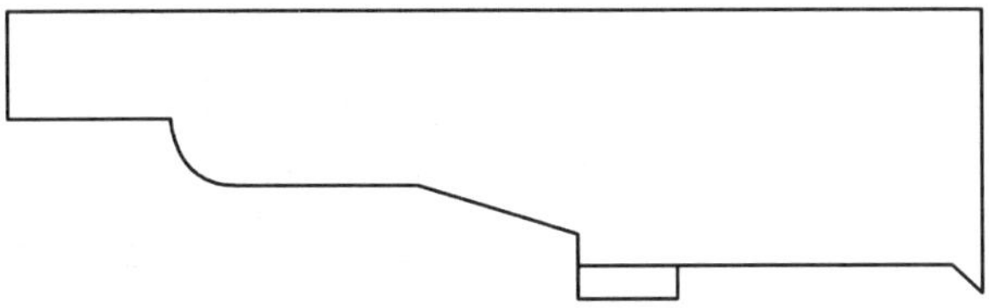

图 0-14　零件毛坯轮廓

2. 生成粗、精车外圆的加工轨迹

1）点击主菜单中的“加工”/“轮廓粗车”菜单项，系统弹出“粗车参数表”对话框，然后分别填写参数表。各项参数如图 0-15 所示。

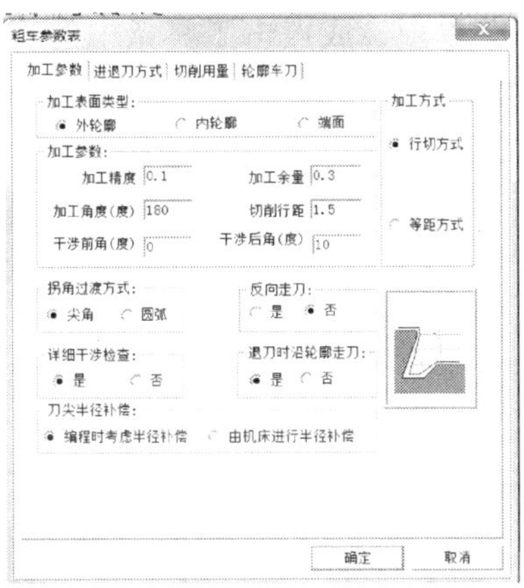

a)

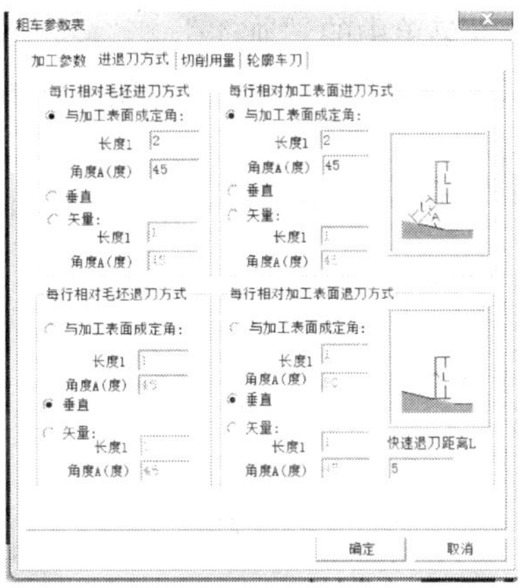

b)

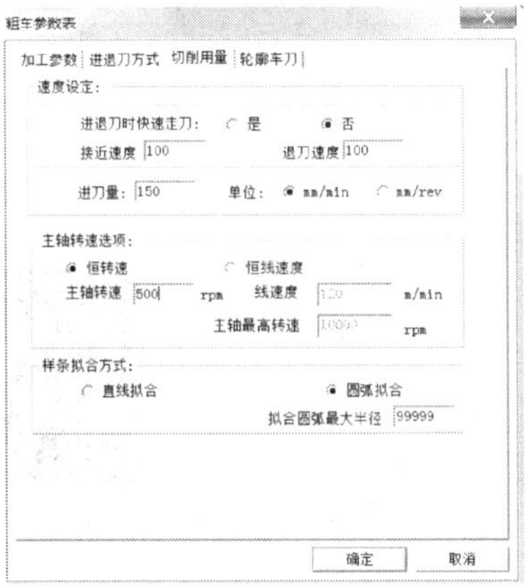

c)

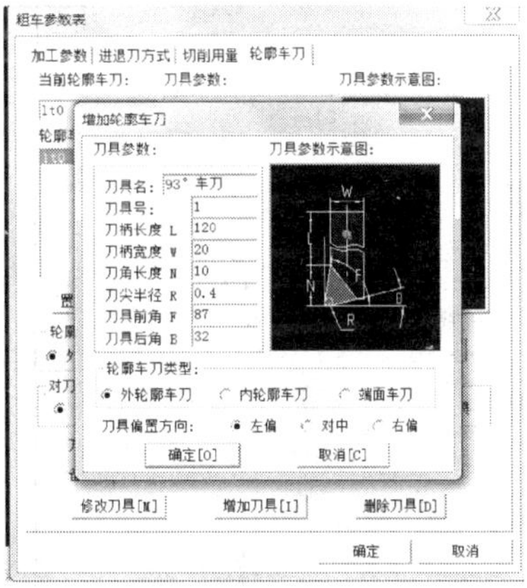

d)

图 0-15　粗车外圆参数表

a）粗车加工参数　b）粗车进退刀方式　c）粗车切削用量　d）粗车轮廓车刀

2）根据状态栏的提示“拾取被加工表面轮廓”，按下空格键弹出工具菜单。系统提供三种拾取方式，选“单个拾取”。在拾取第一条轮廓线后，此轮廓线变成红色的虚线，系统将给出提示“选择方向”，此时顺序拾取加工轮廓线并单击右键确定。当状态栏提示“拾取定义的毛坯轮廓”时，顺序拾取毛坯的轮廓线并确定。然后状态栏提示“输入进退刀点”，此时移动鼠标到毛坯右上角，点击鼠标左键完成。如图 0-16 所示。

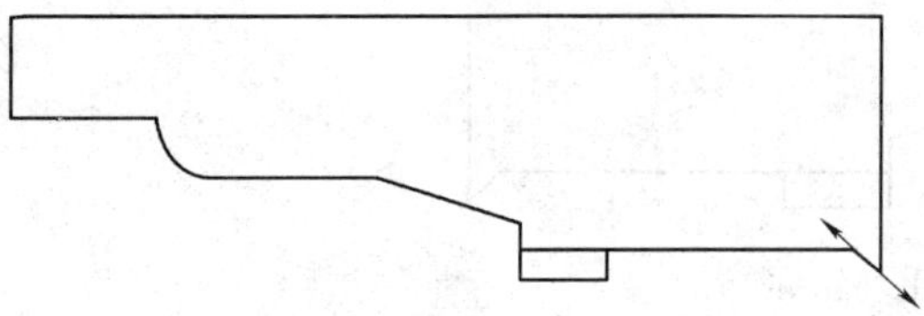

a)

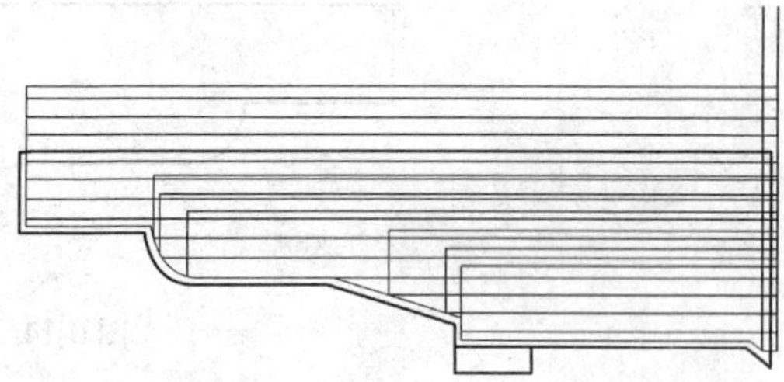

b)

图 0-16 粗车外圆的加工轨迹

a）选择拾取方向 b）生成加工轨迹

3）点击主菜单中的“加工”/“轮廓精车”菜单项，或点击工具条中的相应图标，系统弹出“精车参数表”对话框，各项参数的填写如图 0-17 所示。

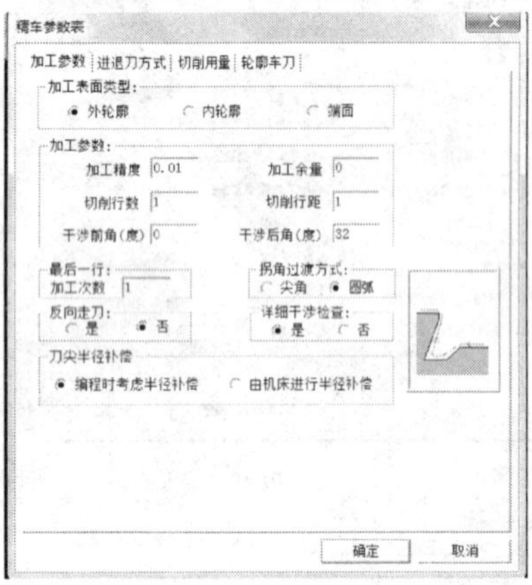

a)

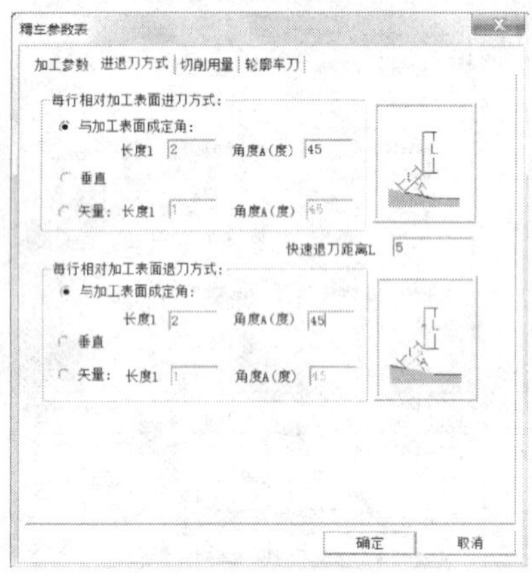

b)

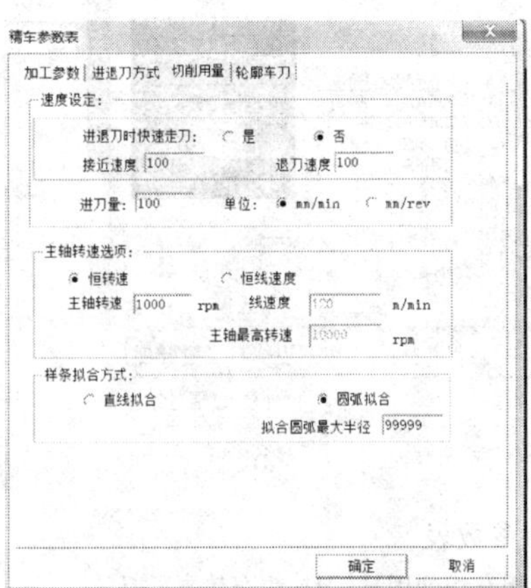

c)

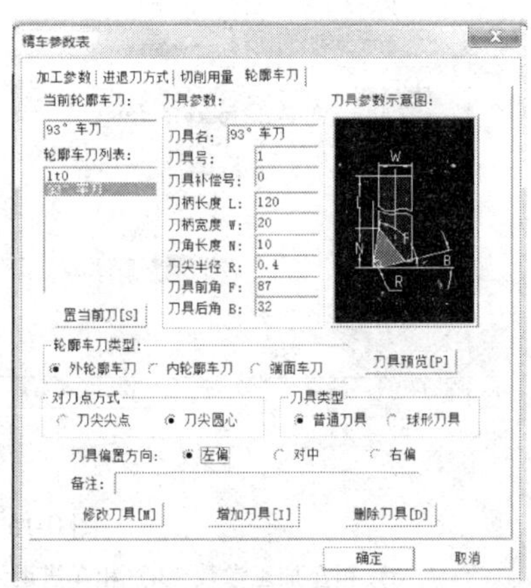

d)

图 0-17 精车外圆参数表

a）粗车加工参数 b）精车进退刀方式 c）精车切削用量 d）精车轮廓车刀

4）根据状态栏的提示“拾取被加工表面轮廓”，按下“方向拾取加工轮廓线”并点击右键确定。当状态栏提示“输入进退刀点”时，按下回车键弹出对话框，输入起始点并确定，生成如图 0-18 所示的加工轨迹。

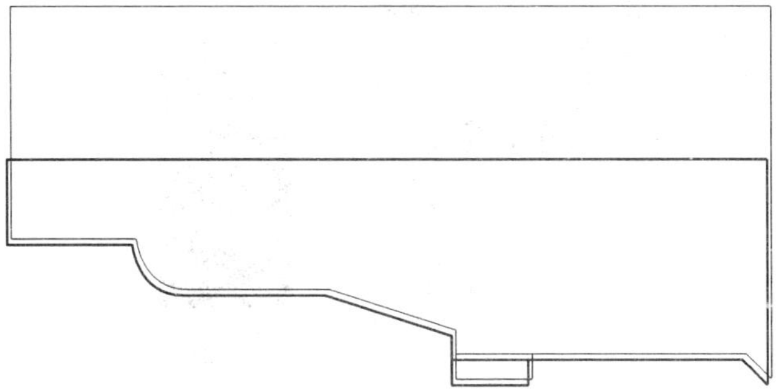

图 0-18　精车外圆的加工轨迹

3. 生成切槽的加工轨迹

1）轮廓建模。图 0-19 所示为外沟槽的加工造型。

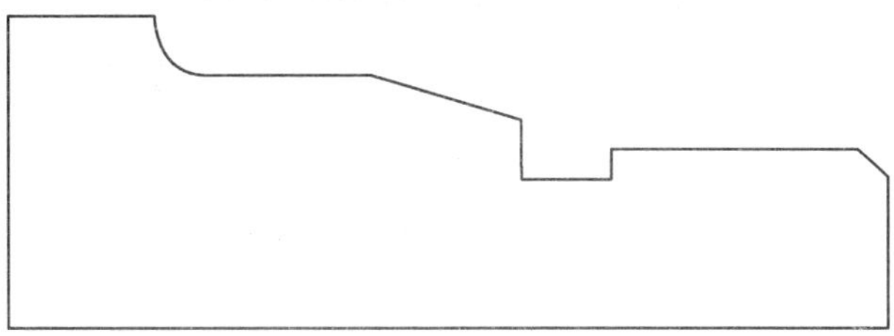

图 0-19　外沟槽的加工造型

2）点击主菜单中的“加工”/“切槽”菜单项，或点击工具条中的相应图标，系统弹出“切槽参数表”对话框，填写各项参数并确定，如图 0-20 所示。

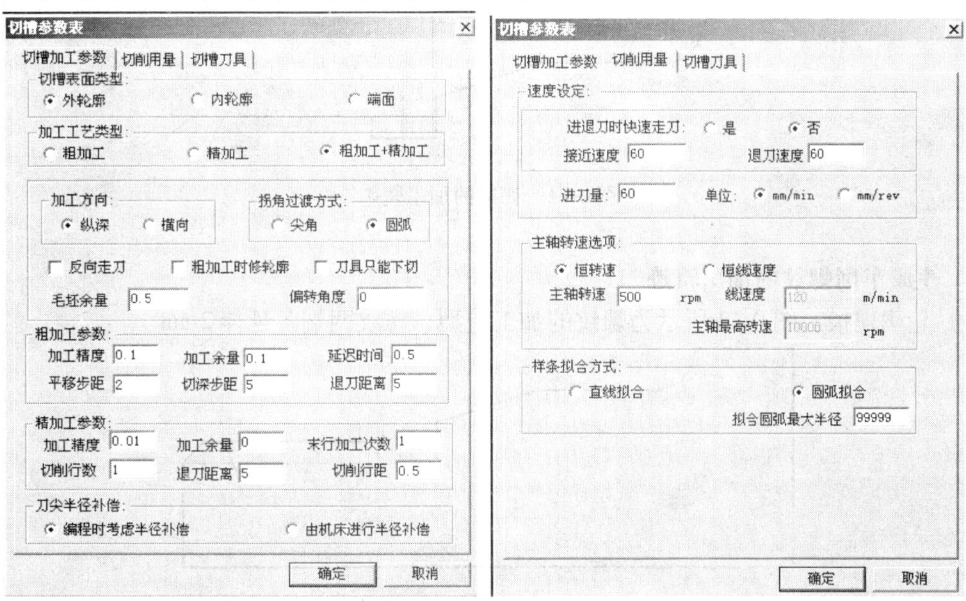

a)　　　　b)

图 0-20　切槽参数表

a）切槽加工参数　b）切削用量

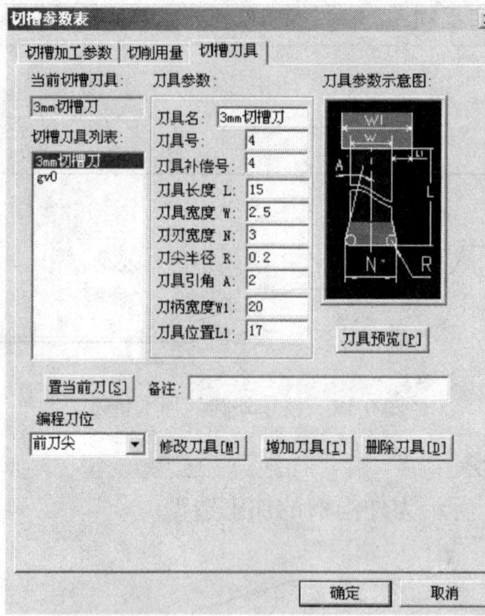

c)

图 0-20 切槽参数表（续）

c）切槽刀具

3）根据状态栏的提示“拾取加工轮廓线，按箭头方向顺序完成。输入起始点并确定，生成如图 0-21 所示的加工轨迹。

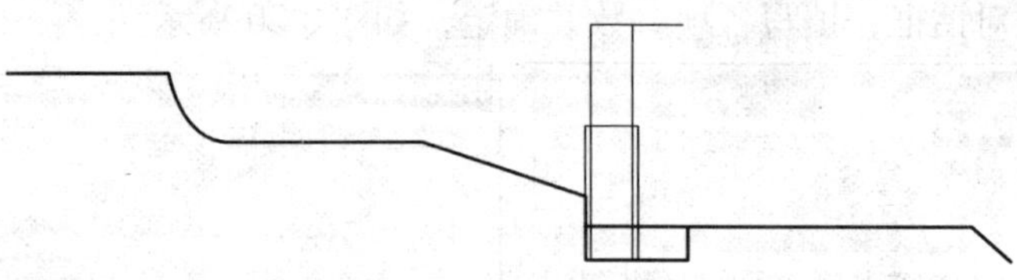

图 0-21 切槽的加工轨迹

4. 生成车削螺纹的加工轨迹

1）轮廓建模。图 0-22 所示为螺纹的加工造型，螺纹两端各延伸 2mm。

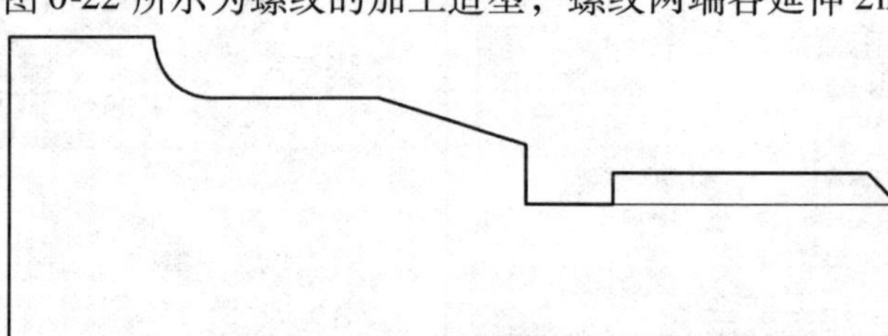

图 0-22 螺纹的加工造型

2）点击主菜单中的“应用”/“数控车”/“车螺纹”菜单项，或点击工具条中的相应图标。状态栏提示“拾取螺纹的起始点”，用鼠标左键拾取点 1；然后状态栏提示“拾取螺纹终点”，用鼠标左键拾取点 2；当系统弹出“螺纹参数表”对话框时，填写各项参数，如图 0-23 所示。

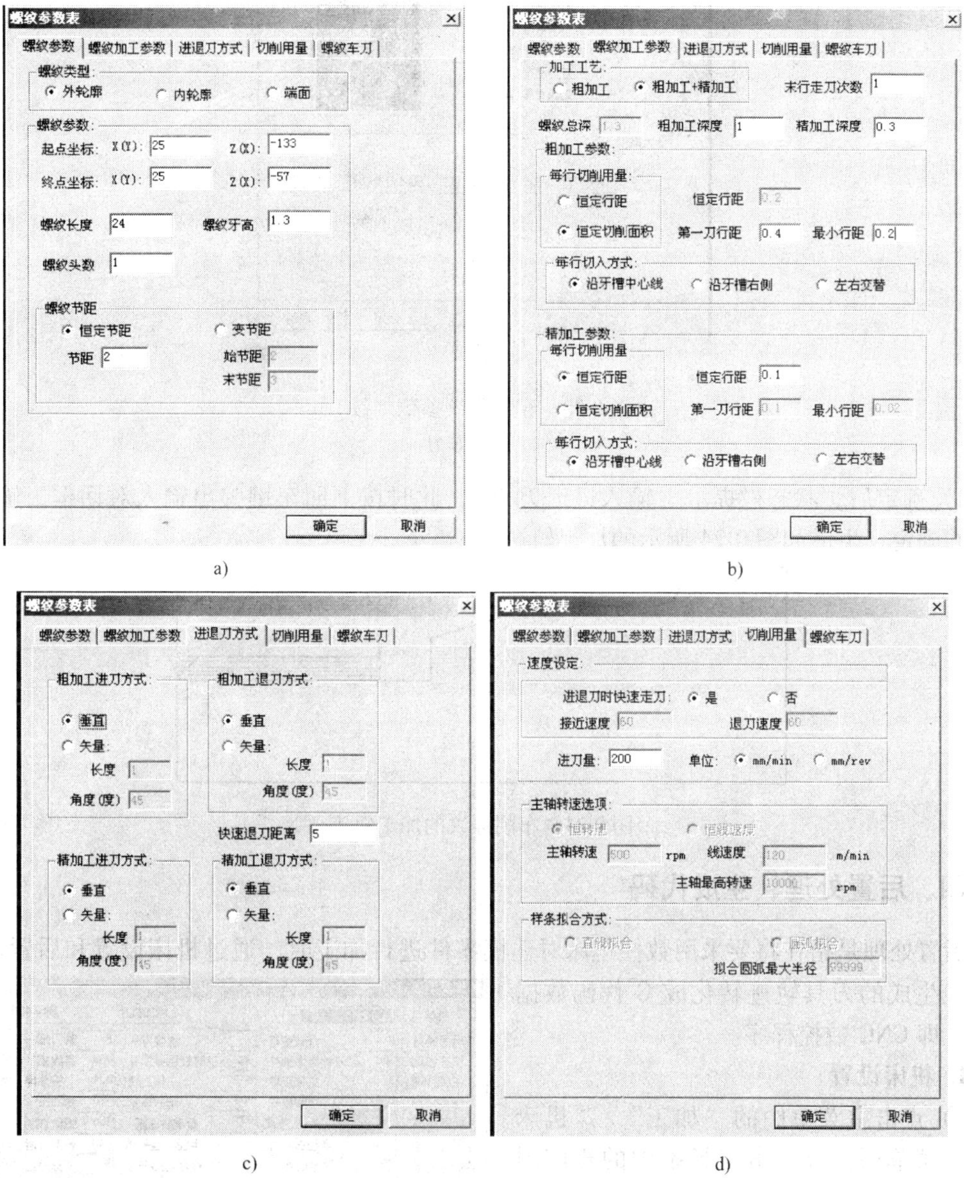

图 0-23　车削螺纹参数

a）螺纹参数　b）螺纹加工参数　c）螺纹进退刀方式　d）切削用量

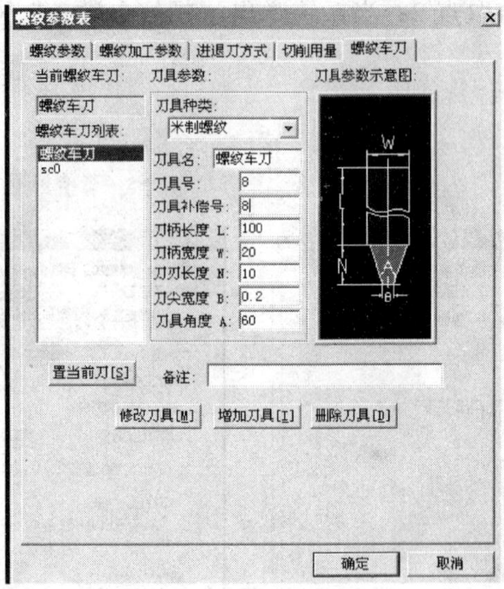

e)

图 0-23　车削螺纹参数（续）

e）螺纹车刀

3）确定后，状态栏提示“输入进退刀点”，此时按下回车键弹出输入对话框，输入起始点并确定，生成如图 0-24 所示的加工轨迹。

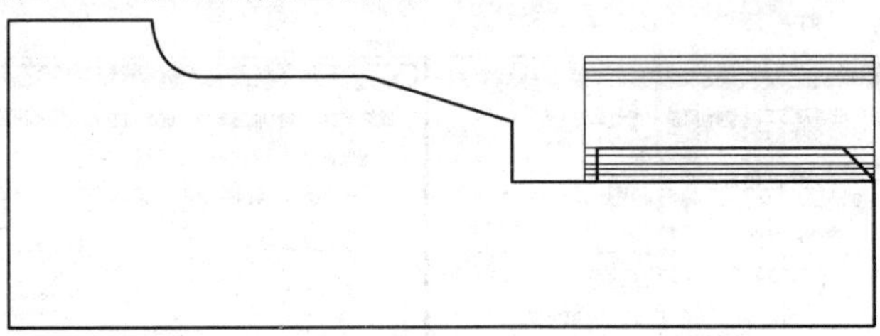

图 0-24　车削螺纹的加工轨迹

四、后置处理、生成代码

后置处理是指在将要采用数控车床对建模零件进行加工时，通过机床设置和后置设置，把已经生成的刀具轨迹转化成 G 代码数据文件，即 CNC 数控程序。

1. 机床设置

1）点击主菜单中的“加工”/“机床设置”菜单项，或点击工具条中的相应图标，系统弹出“机床类型设置”对话框，如图 0-25 所示。

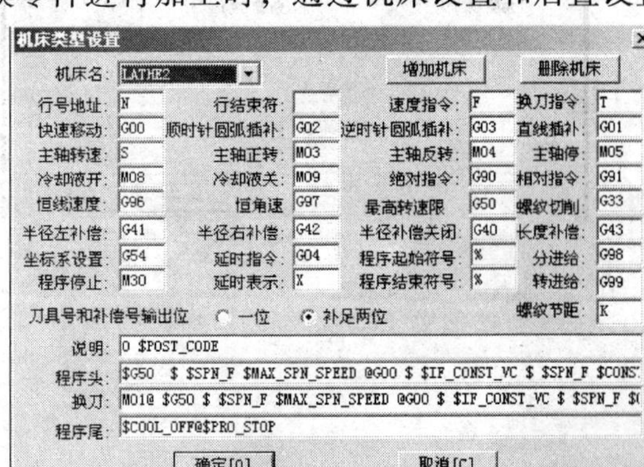

图 0-25　“机床类型设置”对话框

2）点击选项卡中的“增加机床”，系统弹出“增加新机床”对话框，输入“FANUC”并确定。

3）按照 FANUC 数控系统的编程指令

格式填写各项参数，如图 0-26 所示。

2. 后置处理

点击主菜单中的“加工”/“后置设置”菜单项，或点击工具条中的相应图标，系统弹出“后置处理设置”对话框，填写各项参数，如图 0-27 所示。

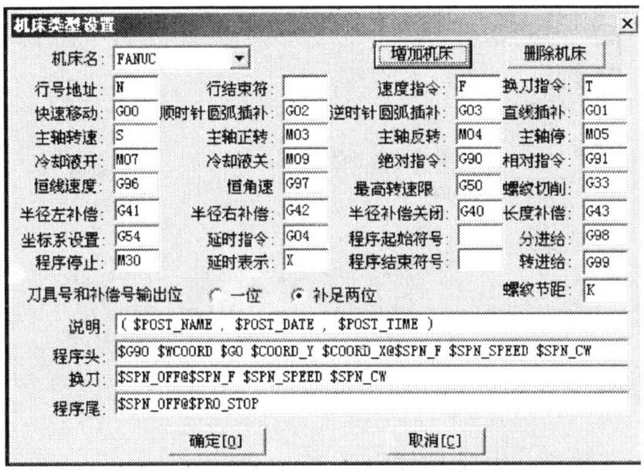

图 0-26　设置编程指令

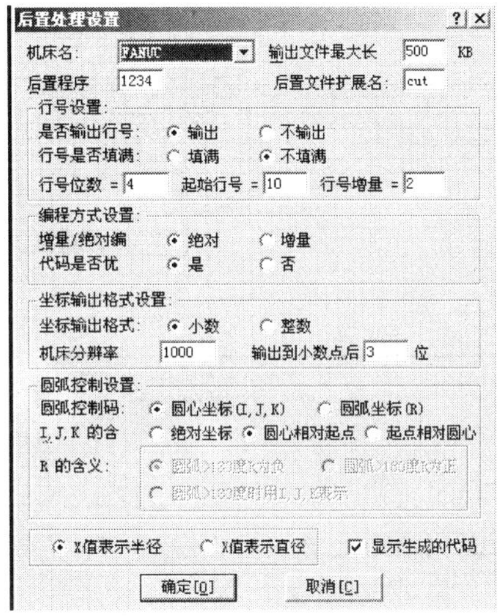

图 0-27　“后置处理设置”对话框

3. 生成 G 代码

1）点击主菜单中的“加工”/“代码生成”菜单项，或点击工具条中的相应图标，系统会弹出一个需要用户输入文件名的对话框，填写后置程序文件名“Test”，如图 0-28 所示。

2）点击“打开”，系统弹出如图 0-29 所示的对话框，询问“是否创建新文件”，选择“是”创建文件。

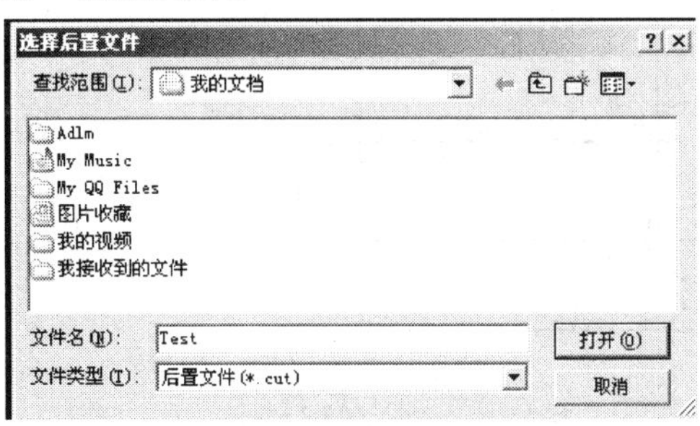

图 0-28　设置代码文件名

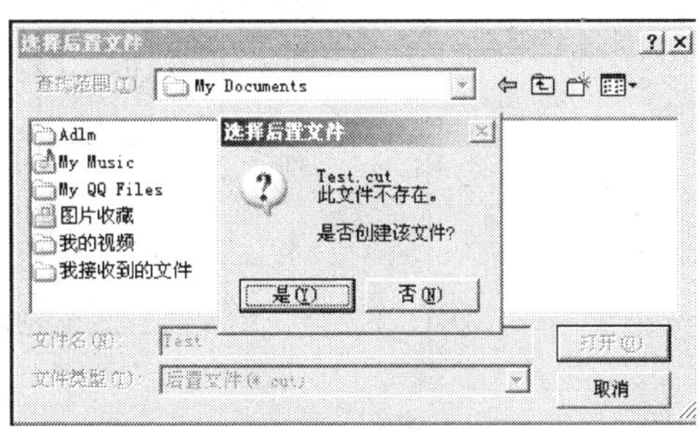

图 0-29　创建文件

3）状态栏提示“拾取刀具轨迹”，按图 0-30 所示的粗、精车外圆加工轨迹、切槽加工轨迹、车削螺纹加工轨迹和车削内孔加工轨迹顺序拾取，点击右键确定即可自动生成加工程序。

4）生成如图 0-31 所示的加工程序。

至此，本零件的造型、生成加工轨迹、生成 G 代码的工作全部结束。生成的 G 代码将通过相应的传输方式输送至数控车床，操作人员可以通过仿真加工功能再模拟一次，做到万无一失。

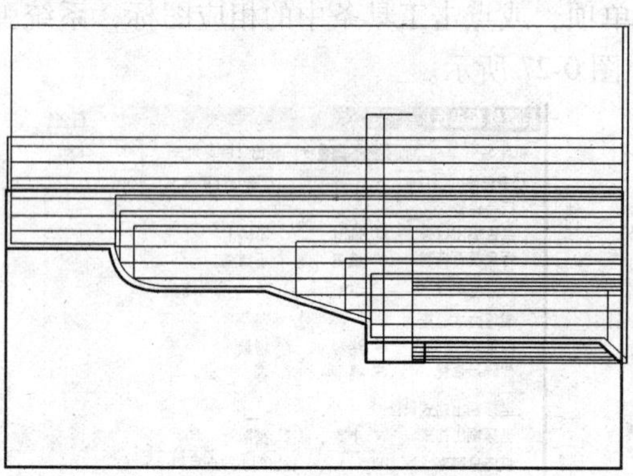

图 0-30　全部加工轨迹

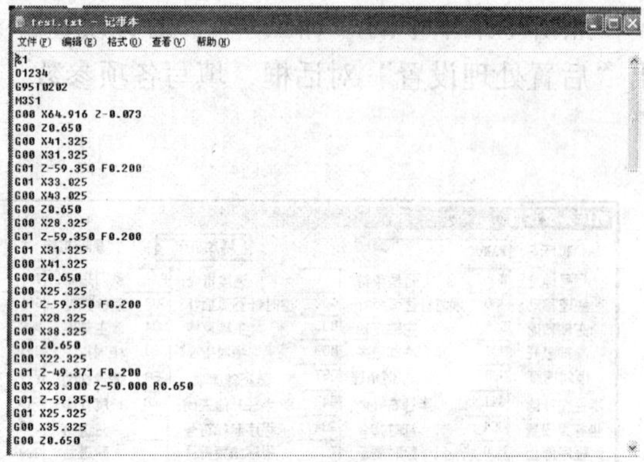

图 0-31　加工程序

思考与练习

零件如图 0-32 所示，要求绘制零件造型、生成加工轨迹、生成 G 代码。

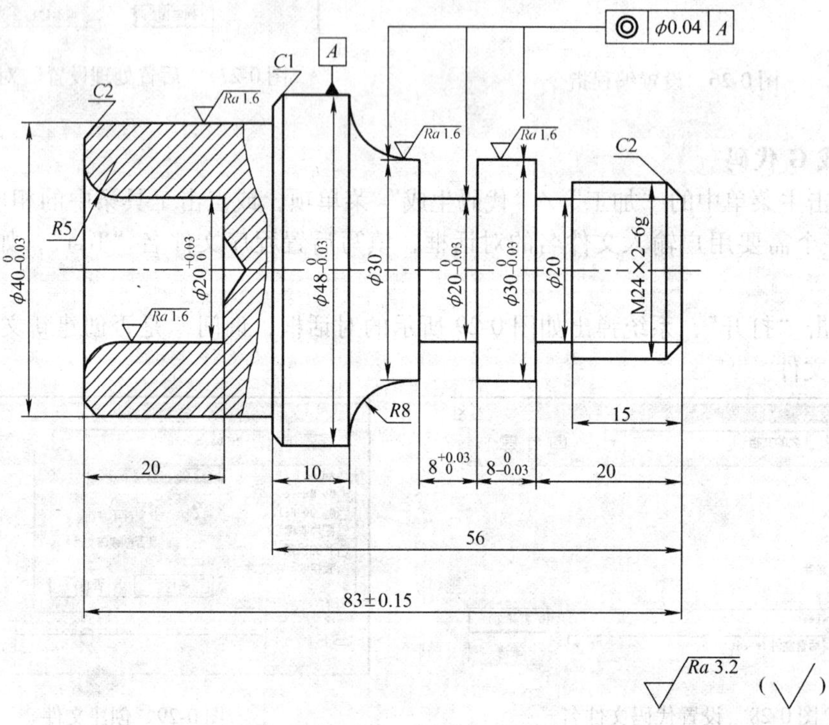

图 0-32　练习题零件图

第二篇

技能篇

项目一　内沟槽、内螺纹的车削（1）

一、项目描述

本项目的待加工零件为带内螺纹孔的轴类零件，如图 1-1 所示。已知其毛坯为 ϕ50mm ×105mm 的棒料，材料为 45 钢。要求制定零件的加工工艺；编写数控加工程序；通过数控仿真加工调试、优化程序；最后进行零件的加工和检测。

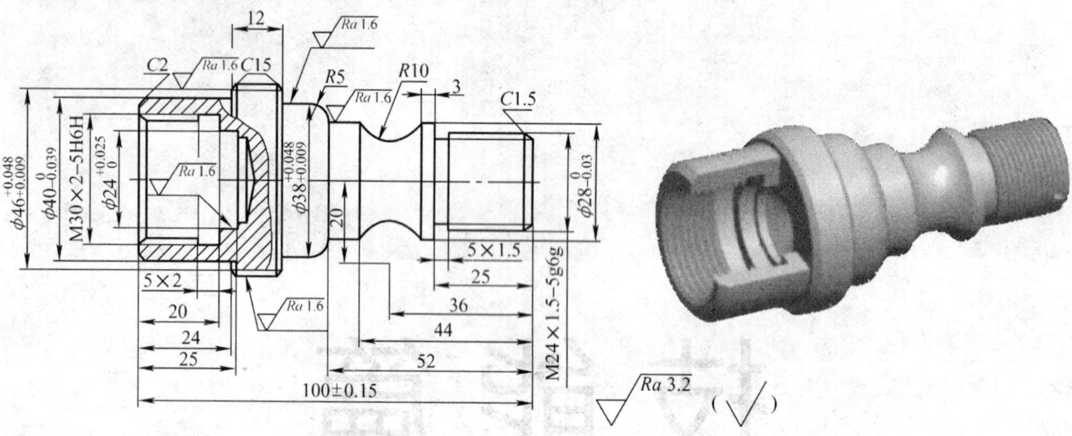

a)　　　b)

图 1-1　内沟槽、内螺纹车削练习件

a）零件图　b）实体图

二、项目教学目标

1）掌握车削内沟槽与内螺纹的数控加工程序的编写方法。

2）能够对复杂的轴类零件进行数控车削工艺分析。

3）合理选择加工时的切削用量。

三、项目实施

任务一　制定零件的加工工艺

1. 分析零件图

图 1-1 所示的零件由外圆柱面、圆锥面、圆弧面、外螺纹、内孔、内沟槽、内螺纹组成。工件四处外圆 $\phi28_{-0.03}^{0}$ mm、$\phi38_{+0.009}^{+0.048}$ mm、$\phi40_{-0.039}^{0}$ mm、$\phi46_{+0.009}^{+0.048}$ mm，一处内孔 $\phi24_{0}^{+0.025}$mm 的尺寸精度较高；外圆 $\phi38_{+0.009}^{+0.048}$mm 的表面粗糙度为 Ra1.6μm；为保证内、外螺纹及总长的尺寸精度，应将尺寸公差控制在图样要求的范围内。

2. 确定装夹方案

为保证尺寸公差要求，此零件的加工需进行两次装夹，分别采用自定心卡盘和一夹一顶的定位安装方式，以设计基准为定位基准，符合基准重合原则。

3. 选择刀具

刀具的选用见表1-1。

表1-1 刀 具 卡

序 号	刀具号	刀具名称及规格	刀尖半径/mm	加工表面	备 注
1	—	中心钻	—	左端面	手动
2	—	ϕ22mm 钻头	—	孔	手动
3	T0101	镗孔刀	0.1	孔	—
4	T0202	内沟槽车刀	$B=4$	内沟槽	—
5	T0303	内螺纹车刀	0.2	内螺纹	—
6	T0404	93°外圆车刀	0.2	外轮廓	—
7	T0505	切槽刀	$B=4$	退刀槽	—
8	T0606	60°外螺纹车刀	0.2	外螺纹	—

4. 确定加工方案

1）夹紧零件毛坯，伸出卡盘60mm，加工左端。

2）钻孔 ϕ22mm，深度为30mm。

3）粗、精加工内轮廓至尺寸要求。

4）切5mm×2mm内沟槽。

5）车削M30×2三角形内螺纹。

6）粗、精车左端外轮廓，利用外径千分尺保证尺寸精度要求。

7）调头装夹，用铜皮包裹夹紧 $\phi40_{-0.039}^{\ 0}$mm圆柱面，找正，加工右端。

8）粗、精车右端外轮廓，利用外径千分尺保证尺寸精度要求。

9）切槽5mm×1.5mm至尺寸要求。

10）车削M24×1.5三角形外螺纹，利用螺纹千分尺保证其尺寸精度。

5. 填写工序卡

按加工顺序将各工步内容、所用刀具编号、切削用量等加工信息填入数控加工工序卡，见表1-2。

表1-2 数控加工工序卡

数控加工工序卡		产品名称		零件图号	夹具名称		工序号
					自定心卡盘		01
工步号	工步内容	切削用量			刀具		备 注
		主轴转速 n /（r/min）	进给速度 f /（mm/r）	背吃刀量 a_p /mm	编 号	名 称	
1	钻中心孔	1200	—	—	—	中心钻	手动
2	钻孔	500	—	—	—	钻头	—
3	粗加工内轮廓	600	0.2	1	T0101	镗孔刀	—

（续）

工步号	工步内容	切削用量			刀具		备注
		主轴转速 n /（r/min）	进给速度 f /（mm/r）	背吃刀量 a_p /mm	编号	名称	
4	精加工内轮廓	1000	0.1	0.5	T0101	镗孔刀	—
5	车 5mm×2mm 内沟槽	350	0.05	2	T0202	内沟槽车刀	—
6	车削 M30×2 内螺纹	800	—	—	T0303	内螺纹车刀	—
7	粗车零件左端外轮廓	600	0.3	2	T0404	外圆车刀	—
8	精车零件左端外轮廓	1000	0.1	0.5	T0404	外圆车刀	—
9	粗车零件右端外轮廓	600	0.3	2	T0404	外圆车刀	—
10	精车零件右端外轮廓	1000	0.1	0.5	T0404	外圆车刀	—
11	车 5mm×1.5mm 退刀槽	350	0.05	2	T0505	切槽刀	—
12	车削 M24×1.5 外螺纹	1000	—	—	T0606	外螺纹车刀	—
编制		审核		批准		共1页	第1页

任务二 编写数控加工程序

根据各加工工步的进给路线编写零件的数控加工程序，见表1-3。

表1-3 内沟槽、内螺纹数控加工程序单

序号	01	零件图号		编程原点	安装后右端面的中心
程序号		数控系统	FANUC 0i Mate-TC	编制	

程序内容	简要说明
左内轮廓	
O0001	
N10 T0101；	手动钻孔，换镗孔刀
N20 M03 S600；	
N30 G00 X20 Z5；	
N40 G71 U1 R1；	粗车循环
N50 G71 P60 Q120 U-0.3 W0 F0.25；	设定参数，循环路线为 N60～N120，X 轴留精车余量 0.3mm，粗车进给量为 0.25mm/r
N60 G00 X34；	
N70 G01 Z0 F0.08；	
N80 X29.8 Z-2；	
N90 Z-20；	
N100 X24；	
N110 Z-25；	
N120 X20；	
N130 G00 Z100 M05；	
N140 M00；	程序暂停，测量工件尺寸
N150 T0101；	

（续）

程序内容	简要说明
N160　M03　S1000;	
N170　G00　X20　Z5;	
N180　G70　P60　Q120;	精加工循环
N190　G00　Z100　M05;	
N200　M00;	
N210　T0202;	换内沟槽车刀，准备切槽
N220　M03　S350;	
N230　G00　X20　Z5;	
N240　G01　Z-20　F5;	
N250　X33.8　F0.06;	
N260　X20　F0.5;	
N270　W1;	
N280　X33.8　F0.06;	
N290　X20　F0.5;	
N300　G00　Z100　M05;	
N310　M00;	
N320　T0303;	换内螺纹车刀
N330　M03　S1000;	设定转速
N340　G00　X24　Z5;	
N350　G92　X30.2　Z-17　F2;	调用螺纹循环
N360　X30.6;	
N370　X31;	
N380　X31.4;	
N390　X31.8;	
N400　X32.2;	
N410　X32.4;	
N420　G00　X100　Z100　M05;	
N430　M30;	程序结束
左外轮廓	
O0002	
N10　T0404;	换外圆车刀
N20　M03　S600;	
N30　G00　X50　Z5;	
N40　G71　U1.5　R1.5;	调用粗车循环
N50　G71　P60　Q120　U0.5　W0　F0.25;	
N60　G00　X36;	
N70　G01　Z0　F0.08;	
N80　X40　Z-2;	
N90　Z-24;	
N100　X46　C1.5;	
N110　Z-38;	
N120　X50;	
N130　G00　X100　Z100　M05;	

（续）

程序内容	简要说明
N140 M00；	
N160 M03 S1000；	
N170 G00 X50 Z5；	
N180 G70 P60 Q120；	调用精车循环
N190 G00 X100 Z100 M05；	
N200 M30；	程序结束
右外轮廓	
O0003	
N10 T0404；	换外圆车刀
N20 M03 S600；	
N30 G00 X50 Z5；	
N40 G71 U1.5 R1.5；	调用粗车循环
N50 G71 P60 Q150 U0.5 W0 F0.25；	
N60 G00 X19.5；	
N70 G01 Z0 F0.08；	
N80 X22.5 Z－1.5；	
N90 Z－25；	
N100 X28 C0.5；	
N110 Z－52；	
N120 X38 R5；	
N130 X46 C1.5；	
N140 Z－70；	
N150 X50；	
N160 G00 X100 Z100 M05；	
N170 M00；	
N180 M03 S1000；	
N190 G00 X50 Z5；	
N200 G70 P60 Q150；	调用精车循环
N210 G0 X100 Z100 M05；	
N220 M00；	
N230 T0505；	换切槽刀
N240 M03 S350；	
N250 G00 X30 Z－25；	
N260 G01 X21 F0.05；	
N270 G01 X30 F5；	
N280 G01 Z－24；	
N290 G01 X21 F0.05；	
N300 G01 X30 F5；	
N310 G00 X100 Z100 M05；	
N320 M00；	
N330 T0606；	换外螺纹车刀
N340 M03 S1000；	
N350 G00 X30 Z5；	

（续）

程序内容	简要说明
N360 G92 X23.5 Z－22 F1.5；	调用螺纹循环
N370 X23.1；	
N380 X22.8；	
N390 X22.6；	
N400 X22.4；	
N410 X22.2；	
N420 X22.14；	
N430 G00 X100 Z100 M05；	
N440 M30；	程序结束

任务三 仿真加工零件

仿真软件的使用不仅可以帮助校验相应的加工程序，也可以帮助操作者熟悉自己的加工设备。

仿真软件的启动方法有两种，一种是通过“开始”→“程序”→“数控仿真软件系统”运行仿真系统；另一种是通过点击桌面的快捷方式  启动仿真系统。

1. 仿真环境下的车床准备

（1）选择面板、激活车床　如图 1-2 所示，在软件界面的右下角选择“大连机床厂 FANUC 0i MATE-TC 面板”。

按下系统启动按钮，此时电源指示灯亮；检查急停按钮是否松开，若未松开，按下急停按钮，将其松开，如图 1-3 所示。

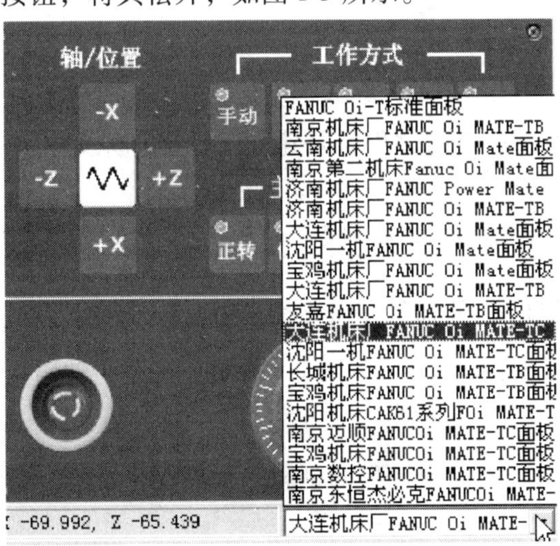

图 1-2　机床面板

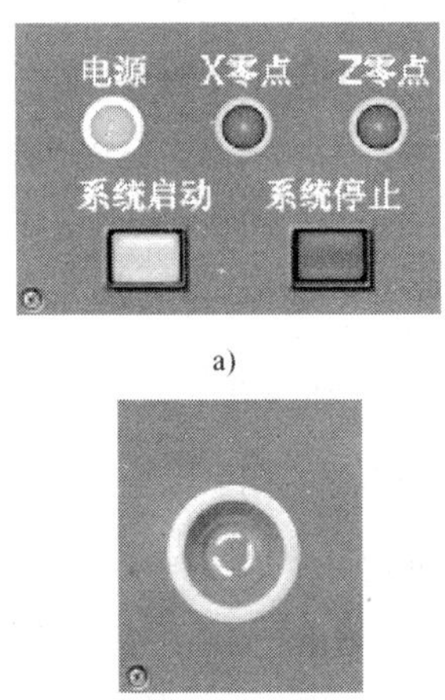

a）

b）

图 1-3　系统启动按钮和急停按钮

a）系统启动按钮　b）急停按钮

2）车床各轴回零　按下回零方式开关 回零，首先进行 X 方向的回零操作，按下“轴/位置” +X 键；当回零灯亮后，再按下“轴/位置” +Z 键；回零灯亮后即完成回零操作。此时 X 零点、Z 零点灯都亮 电源 X零点 Z零点。

（3）选择及安装刀具　选择菜单“机床操作”→“刀具管理”，弹出“刀具库管理”对话框，分别将“刀具数据库”中的“Tool1 镗孔刀”、“Tool2 内沟槽车刀”、“Tool3 内螺纹车刀”、“Tool4 外圆车刀”四把车刀拖至“机床刀库”。

（4）设置毛坯　选择菜单“工件操作”→“设置毛坯”，弹出“设置毛坯”对话框，在“工件直径”处输入“50”，“工件长度”处输入“100”。设置结果如图 1-4 所示，点击确定键。

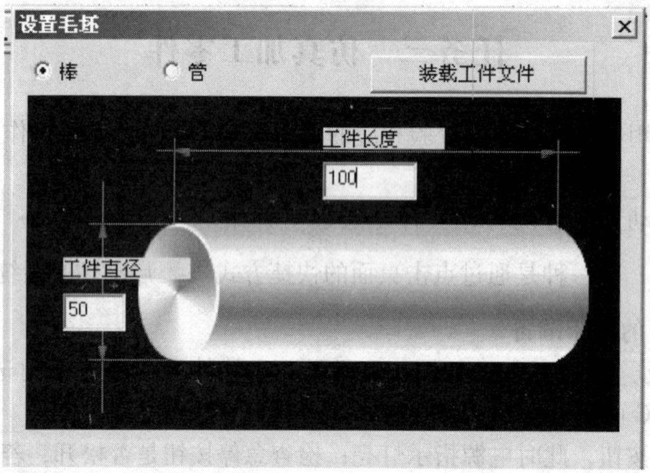

图 1-4　“设置毛坯”对话框

2. 仿真环境下的车床操作

（1）对刀　数控程序一般按工件坐标系编程，对刀的过程就是建立工件坐标系与机床坐标系之间关系的过程。

1）X 向对刀。选择“手动”工作模式 手动，启动主轴正转 正转，按下控制面板上的 -X 键和 -Z 键，使车床刀架在 X 轴的负方向移动，同时在 Z 轴负方向移动。用所选外圆车刀试切工件外圆，切完后保持 X 坐标不变，沿 Z 轴的正方向退刀，如图 1-5 所示。按下主轴停止 停止 键，使主轴停止转动。

选择“工件测量”→“特征线”选项，弹出“工件测量”对话框，如图 1-6 所示。记下试切外圆的直径值，按下键退出“工件测量”。

按下参数输入功能键 OFFSET，选择“形状”栏 形状，输入直径值。按下菜单软键“[测量]”，系统自动计算出坐标值并填入，完成 X 轴的对刀。

2）Z 向对刀。按下操作面板上的主轴正转 正转 键，将刀具移至工件端面处。按下 X 轴负

方向 -X 键，切削工件端面，然后沿 X 轴正方向退出，Z 轴方向保持不变，如图 1-7 所示。按下主轴停止 停止 键，使主轴停止转动。

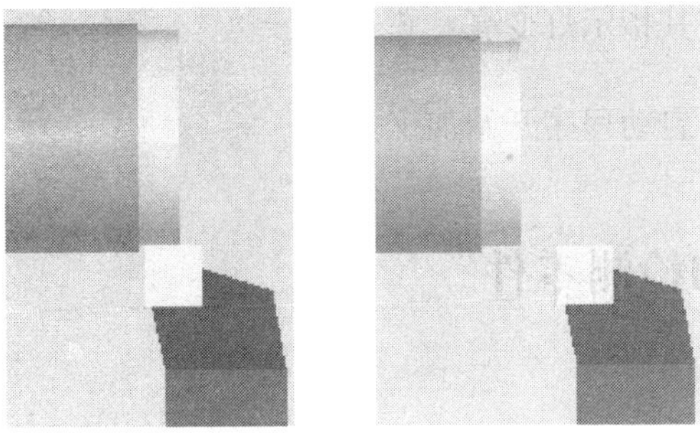

图 1-5　外圆试切

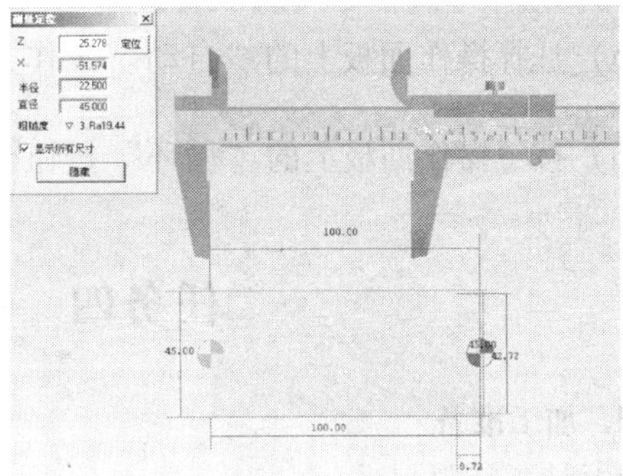

图 1-6　“工件测量”对话框

按下参数输入功能键 OFS/SET，选择“形状”栏［形状］，输入直径值。按下菜单软键“［测量］”，系统自动计算出坐标值并填入，完成 Z 轴的对刀。

（2）输入程序　选择 编辑 工作方式，按 PROG 键，进入程序编辑模式，如图 1-8 所示。输入程序名 O0001 按 ↓ 键开始录入程序。

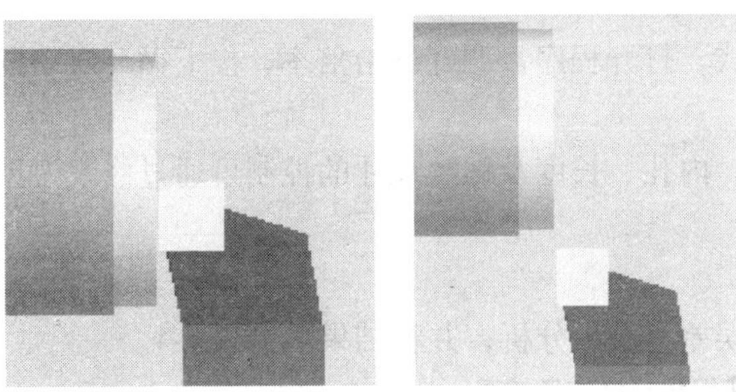

图 1-7　切削端面

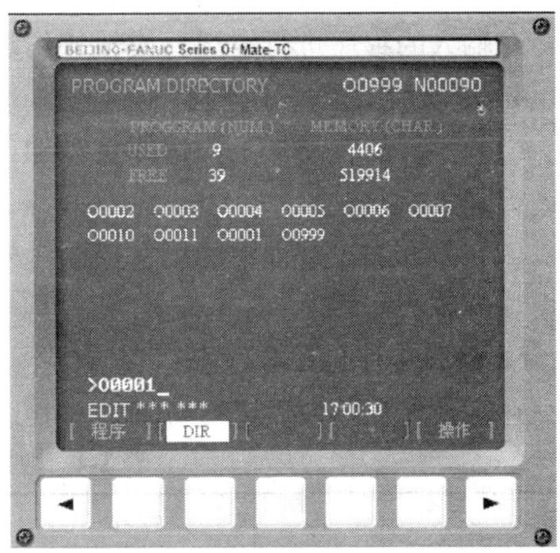

图 1-8　程序编辑

（3）程序校验　程序校验是数控系统在正式运行加工程序之前的一种程序语法检查功能。将操作方式选择为“自动” 自动，按下 锁住 键和 空运行 键，按下循环启动按钮。

（4）自动运行仿真加工　程序校验完成后，如果没有发现问题，可以进行自动加工。具体流程如下：

1）检查机床是否回零，若未回零，先将机床回零。

2）检查待加工程序是否正确，若不正确，应重新选择程序。

3）检查“锁住”键、“空运行”键是否为关闭状态。

4）检查“进给速率”倍率开关数值的设置是否妥当。

5）选择操作面板上的“自动”工作方式，使其指示灯变亮。

6）按下操作面板上的“循环”按钮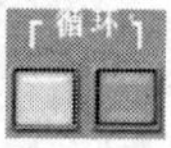，启动程序开始加工。

任务四　加工和检测零件

1. 加工准备

1）检查坯料尺寸。

2）开机，回参考点。

3）输入程序。

4）装夹工件。

5）装夹刀具。

2. 对刀设置

所有刀具应依次采用试切法对刀，把通过对刀操作得到的零偏置分别输入各自的长度补偿中。其中，切槽刀以左刀尖为刀位点，螺纹车刀以刀尖为刀位点。

3. 空运行及仿真

对输入的程序进行空运行或轨迹仿真，检测程序是否正确。

4. 自动加工及尺寸控制

（1）零件的自动加工　选择自动加工模式，打开程序，调好进给倍率，按下循环启动按钮进行加工。

（2）零件加工过程中的尺寸控制　外圆、内孔、长度及螺纹尺寸的控制可通过修改刀具磨损量的方法实现。

5. 检测零件与评分

在零件加工结束后进行检测，对其进行误差与质量分析，并将结果填入表1-4。

表1-4　数控车床编程与操作考核表

班级		姓名		学号		日期	
项目名称	内沟槽、内螺纹的车削（1）				项目序号	01	
		序号	检测项目	配分	学生自评	教师评分	
基本检查	编程	1	切削加工工艺制订正确	3			
		2	切削用量选用合理	2			
		3	程序正确、简单、明确且规范	3			
	操作	4	设备操作、维护保养正确	3			
		5	刀具选择、安装正确、规范	2			
		6	工件找正、安装正确、规范	2			
		7	安全文明生产	2			

（续）

	序号	检测项目	配分	学生自评	教师评分
工作态度	8	行为规范、纪律良好	3		
外圆	9	$\phi28_{-0.03}^{0}$mm，$Ra1.6\mu m$	5/2		
	10	$\phi38_{+0.009}^{+0.048}$mm，$Ra1.6\mu m$	5/2		
	11	$\phi40_{-0.039}^{0}$mm，$Ra1.6\mu m$	5/2		
	12	$\phi46_{+0.009}^{+0.048}$mm，$Ra1.6\mu m$	5/2		
退刀槽	13	5mm×1.5mm	3		
外螺纹	14	M24×1.5	6/2		
内　孔	15	$\phi24_{0}^{+0.025}$mm，$Ra1.6\mu m$	5/2		
内沟槽	16	5mm×2mm	3		
内螺纹	17	M30×2	6/2		
圆　弧	18	$R5$mm	3		
	19	$R10$mm	3		
倒　角	20	$C1.5$	6		
	21	$C2$	2		
长　度	22	20mm	1		
	23	24mm	1		
	24	25mm	1		
	25	44mm	1		
	26	52mm	1		
	27	(100±0.15) mm	4		
综合得分			100		

四、项目总结

加工该项目中的圆弧面时，应注意刀具几何参数的选择，主偏角一般取90°~93°，刀尖角取35°~55°，以保证刀尖位于刀具的最前端，避免刀具过切。

对于特形面的加工，一般加工余量较大，为了简化编程，缩短程序段的长度，减少程序内容，宜采用封闭切削循环指令进行编程。

思考与练习

1. 在数控车削加工中，提高零件表面精度的途径有哪些？
2. 在数控车削加工中，车刀的哪些几何角度对零件的编程和加工质量有较大的影响？试举例说明。
3. 编写如图1-9所示零件的数控加工程序并进行加工练习。已知材料为45钢，毛坯尺寸为ϕ30mm×65mm。

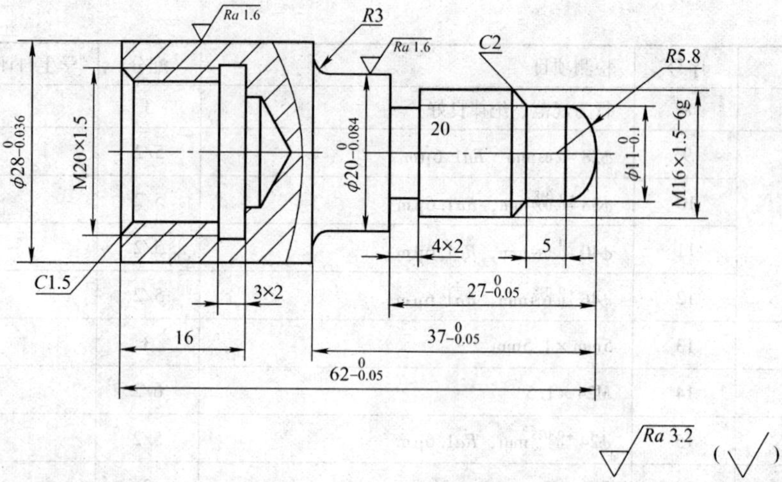
Ra 1.6
R3
Ra 1.6
C2
R5.8
φ28-0.036
M20×1.5
φ20-0.084
20
φ11-0.1
M16×1.5-6g
4×2
5
C1.5
3×2
27-0.05
16
37-0.05
62-0.05
Ra 3.2
(√)

图 1-9　思考与练习 3 图

项目二　内沟槽、内螺纹的车削（2）

一、项目描述

本项目的待加工零件为带内螺纹孔的轴类零件，如图 2-1 所示。已知毛坯为 ϕ70mm × 125mm 的棒料，材料为 45 钢。要求制订零件的加工工艺，通过 CAXA 数控车削自动编程软件自动生成程序，最后进行零件的加工和检测。

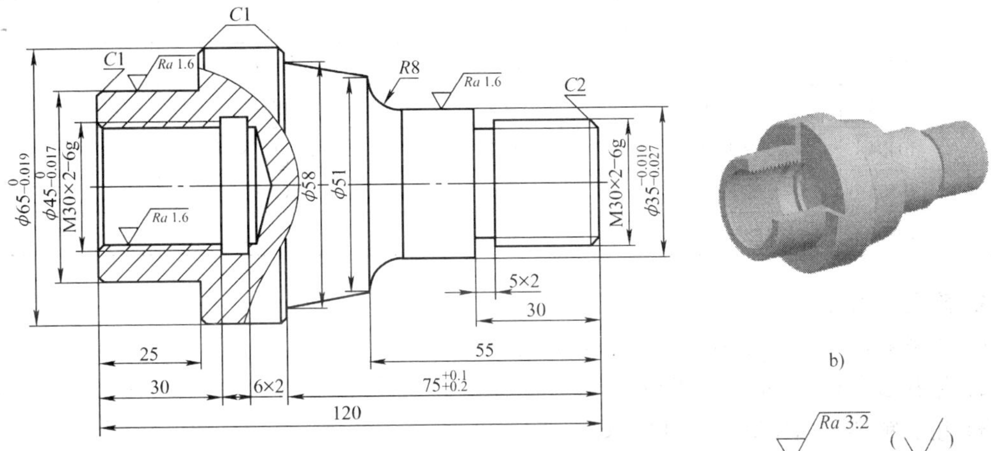

a)　b)

图 2-1　内沟槽、内螺纹车削练习件

a）零件图　b）实体图

二、项目教学目标

1）能合理选用数控车削中的切削用量。

2）掌握内螺纹类零件的加工技巧。

3）合理选择加工时的切削用量。

三、项目实施

任务一　制订零件的加工工艺

1. 分析零件图

图 2-1 所示的零件由外圆柱面、圆锥面、圆弧面、外螺纹、内孔、内沟槽、内螺纹组成。工件三处外圆 $\phi35^{-0.010}_{-0.027}$mm、$\phi45^{0}_{-0.017}$mm、$\phi65^{0}_{-0.019}$mm 的尺寸精度较高；$\phi35^{-0.010}_{-0.027}$mm、$\phi45^{0}_{-0.017}$mm 外圆的表面粗糙度为 Ra1.6μm；为了保证内、外螺纹及总长的尺寸精度，应将

尺寸公差控制在图样要求的范围内。

2. 确定装夹方案

为保证尺寸公差要求，此零件的加工需进行两次装夹，分别采用自定心卡盘和一夹一顶的定位安装方式，以设计基准为定位基准，符合基准重合原则。

3. 选择刀具

刀具的选用见表2-1。

表2-1 刀 具 卡

序 号	刀具号	刀具名称及规格	刀尖半径/mm	加工表面	备 注
1	—	中心钻	—	左端面	手动
2	—	ϕ28mm 钻头	—	孔	手动
3	T0101	镗孔刀	0.1	孔	—
4	T0202	内沟槽车刀	$B=4$	内沟槽	—
5	T0303	内螺纹车刀	0.2	内螺纹	—
6	T0404	93°外圆车刀	0.2	外轮廓	—
7	T0505	切槽刀	$B=4$	退刀槽	—
8	T0606	60°外螺纹车刀	0.2	外螺纹	—

4. 确定加工方案

1）夹紧零件毛坯，伸出卡盘60mm，加工左端。

2）钻孔 ϕ28mm，深度为30mm。

3）粗、精加工内轮廓至尺寸要求。

4）切6mm×2mm内沟槽。

5）车削M30×2三角形内螺纹。

6）粗、精车左端外轮廓，利用外径千分尺保证尺寸精度要求。

7）调头装夹，用铜皮夹紧 $\phi45_{-0.017}^{0}$mm 圆柱面，找正，加工右端。

8）粗、精车右端外轮廓，利用外径千分尺保证尺寸精度要求。

9）切槽5mm×2mm至尺寸要求。

10）车削M30×2三角形外螺纹，利用螺纹千分尺保证尺寸精度。

5. 填写工序卡

按加工顺序将各工步内容、所用刀具编号、切削用量等加工信息填入数控加工工序卡，见表2-2。

表2-2 数控加工工序卡

<table>
<tr><td colspan="2" rowspan="2">数控加工工序卡</td><td colspan="2">产品名称</td><td colspan="2">零件图号</td><td>夹具名称</td><td>工序号</td></tr>
<tr><td colspan="2"></td><td colspan="2"></td><td>自定心卡盘</td><td>01</td></tr>
<tr><td rowspan="2">工步号</td><td rowspan="2">工步内容</td><td colspan="3">切削用量</td><td colspan="2">刀 具</td><td rowspan="2">备 注</td></tr>
<tr><td>主轴转速 n /（r/min）</td><td>进给速度 f /（mm/r）</td><td>背吃刀量 a_p /mm</td><td>编 号</td><td>名 称</td></tr>
<tr><td>1</td><td>钻中心孔</td><td>1200</td><td>—</td><td>—</td><td>—</td><td>—</td><td>手动</td></tr>
<tr><td>2</td><td>钻孔</td><td>500</td><td>—</td><td>—</td><td>—</td><td>—</td><td>—</td></tr>
</table>

（续）

工步号	工步内容	切削用量			刀具		备注
		主轴转速 n /（r/min）	进给速度 f /（mm/r）	背吃刀量 a_p /mm	编号	名称	
3	粗加工内轮廓	600	0.2	1	T0101	镗孔刀	—
4	精加工内轮廓	1000	0.1	0.5	T0101	镗孔刀	—
5	切 6mm×2mm 内沟槽	350	0.05	2	T0202	内沟槽车刀	—
6	车削 M30×2 内螺纹	800	—	—	T0303	内螺纹车刀	—
7	粗车零件左端外轮廓	600	0.3	2	T0404	外圆车刀	—
8	精车零件左端外轮廓	1000	0.1	0.5	T0404	外圆车刀	—
9	粗车零件右端外轮廓	600	0.3	2	T0404	外圆车刀	—
10	精车零件右端外轮廓	1000	0.1	0.5	T0404	外圆车刀	—
11	切 5mm×2mm 退刀槽	350	0.05	2	T0505	切槽刀	—
12	车削 M30×2 外螺纹	1000	—	—	T0606	外螺纹车刀	—
编制	审核		批准			共 1 页	第 1 页

任务二　CAXA 数控车削自动编程

1. 零件左侧

（1）绘制零件的加工轮廓　零件的加工轮廓如图 2-2 所示。

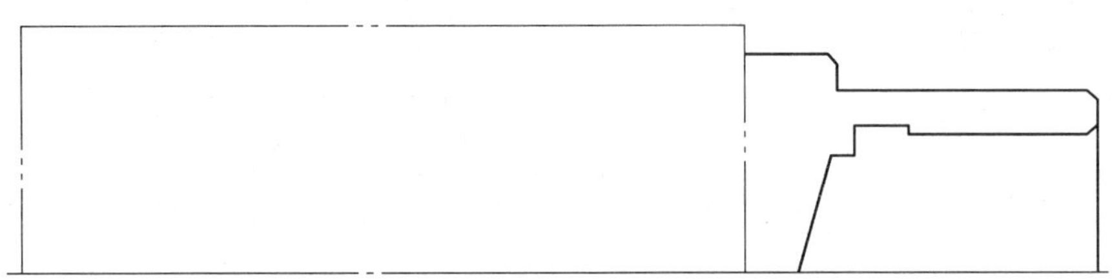

图 2-2　零件加工轮廓

（2）生成刀具轨迹

1）粗、精车外圆　零件左侧外圆轮廓如图 2-3 所示，粗车外圆的加工参数设置如图 2-4 所示，其加工轨迹如图 2-5 所示。

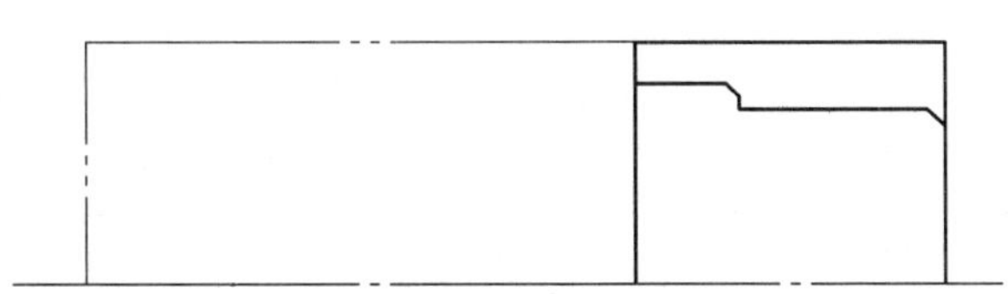

图 2-3　左侧外圆轮廓

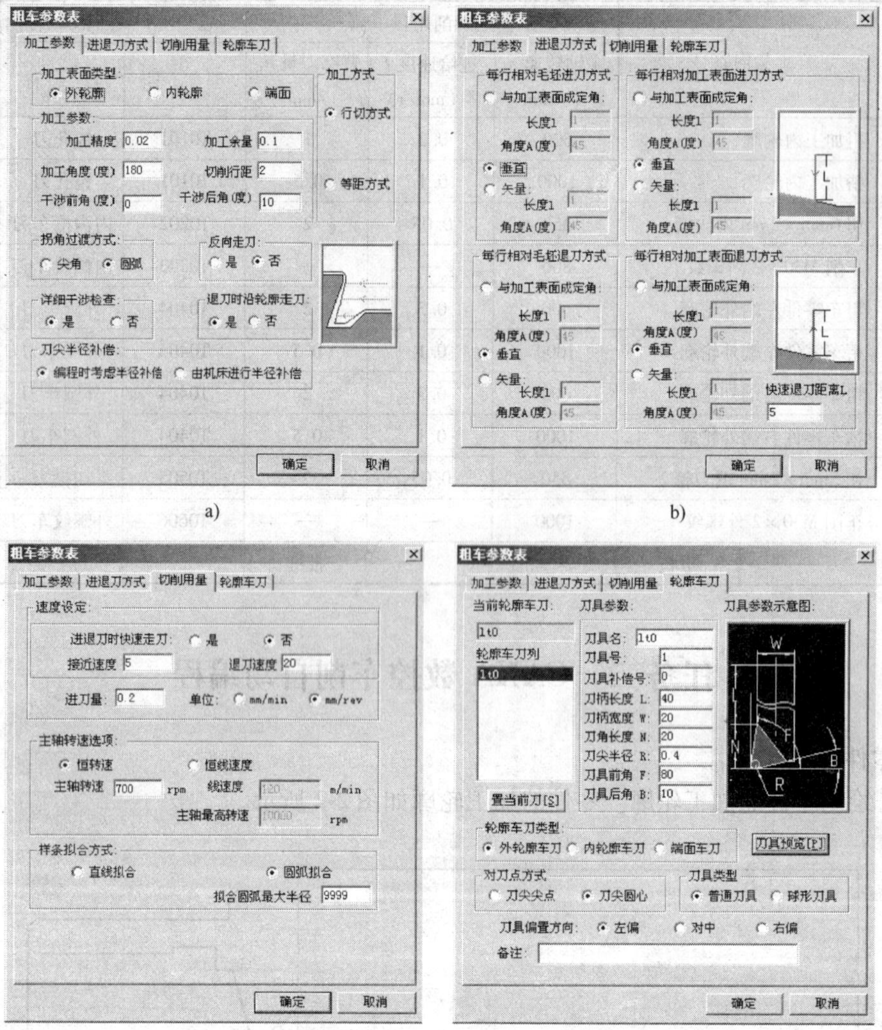

图 2-4 粗车外圆的加工参数

a）加工参数 b）进退刀方式 c）切削用量 d）轮廓车刀

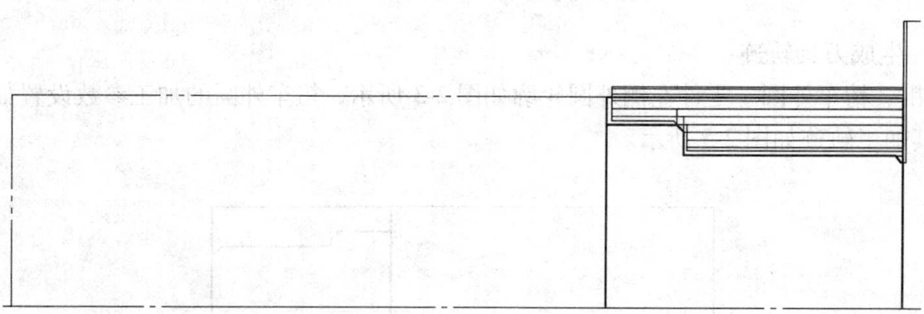

图 2-5 粗车外圆的加工轨迹

精车外圆的加工参数设置如图 2-6 所示，其加工轨迹如图 2-7 所示。

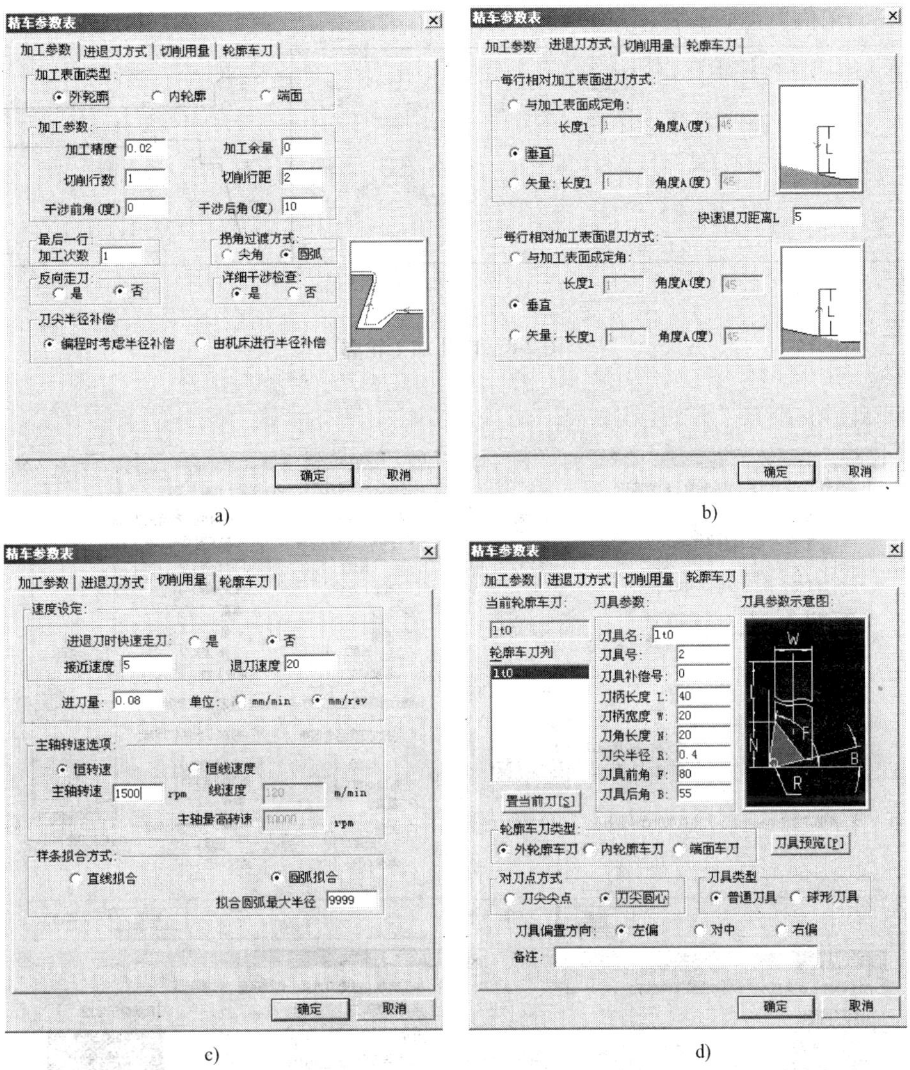

图 2-6　精车外圆的加工参数

图 2-7　精车外圆的加工轨迹

2）加工内孔。零件内孔的加工轮廓、粗车加工参数、粗车轨迹、精车加工参数、精车轨迹分别如图 2-8 ~ 图 2-12 所示。

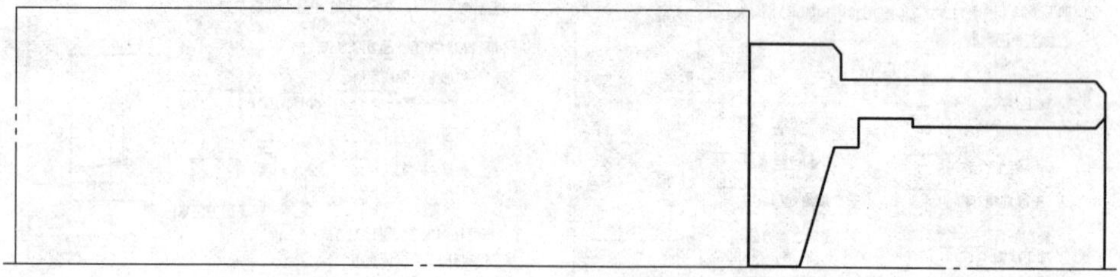

图 2-8　内孔加工轮廓

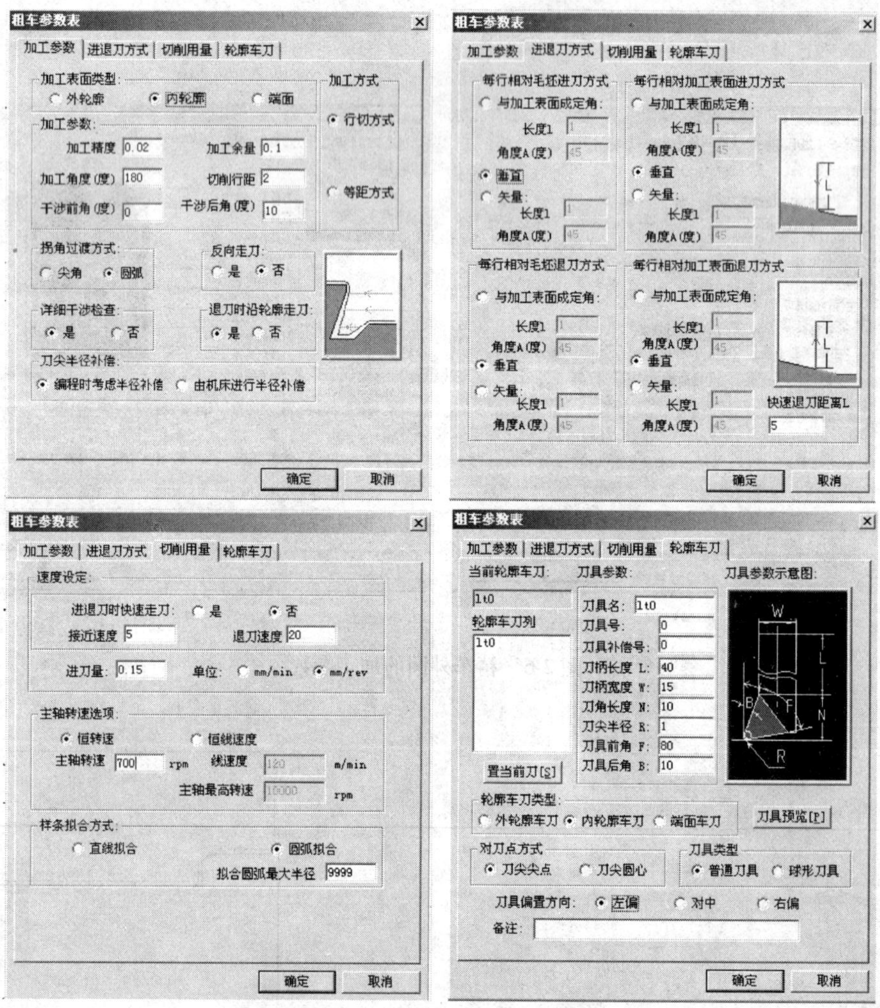

图 2-9　粗车内孔的加工参数

图 2-10 粗车内孔的加工轨迹

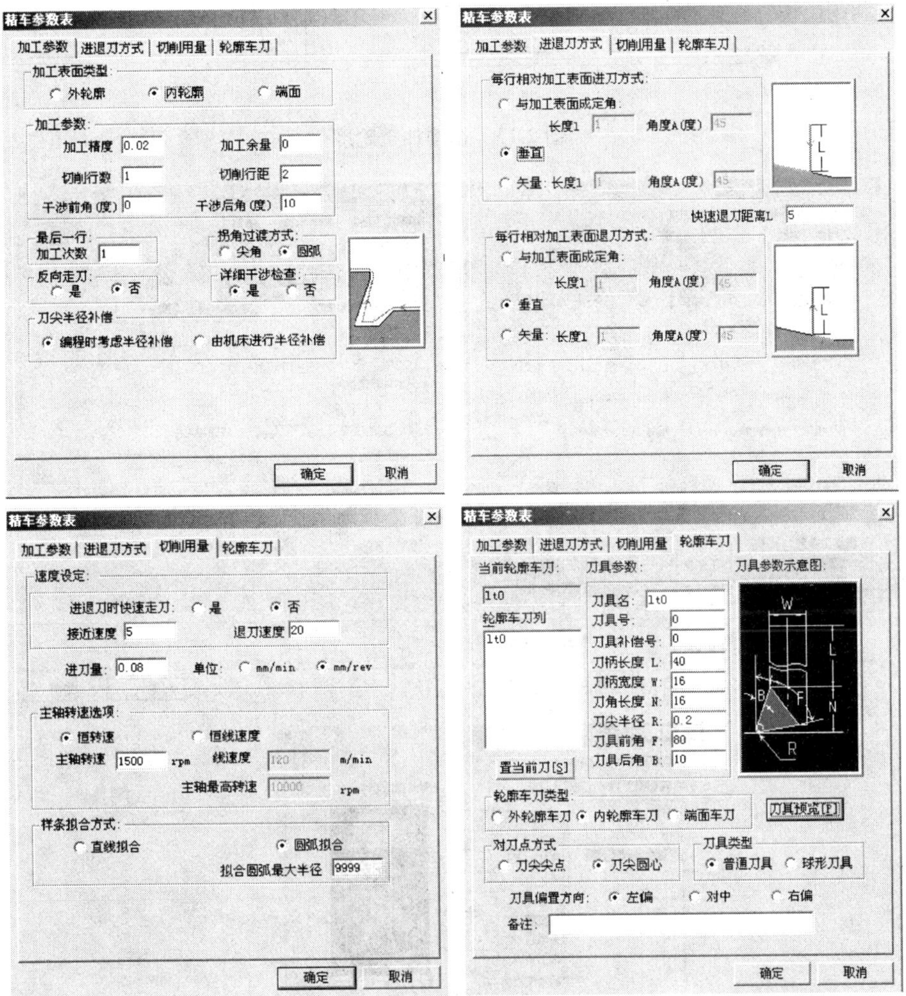

图 2-11 精车内孔的加工参数

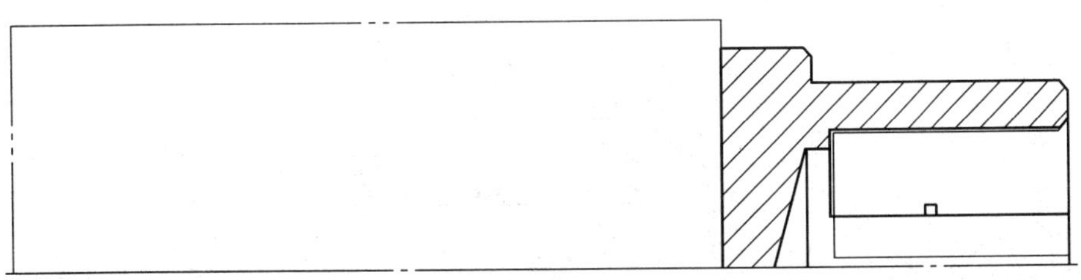

图 2-12 精车内孔的加工轨迹

3）切槽。切槽的加工轮廓、加工参数、加工轨迹分别如图 2-13、图 2-14、图 2-15 所示。

图 2-13　切槽加工轮廓

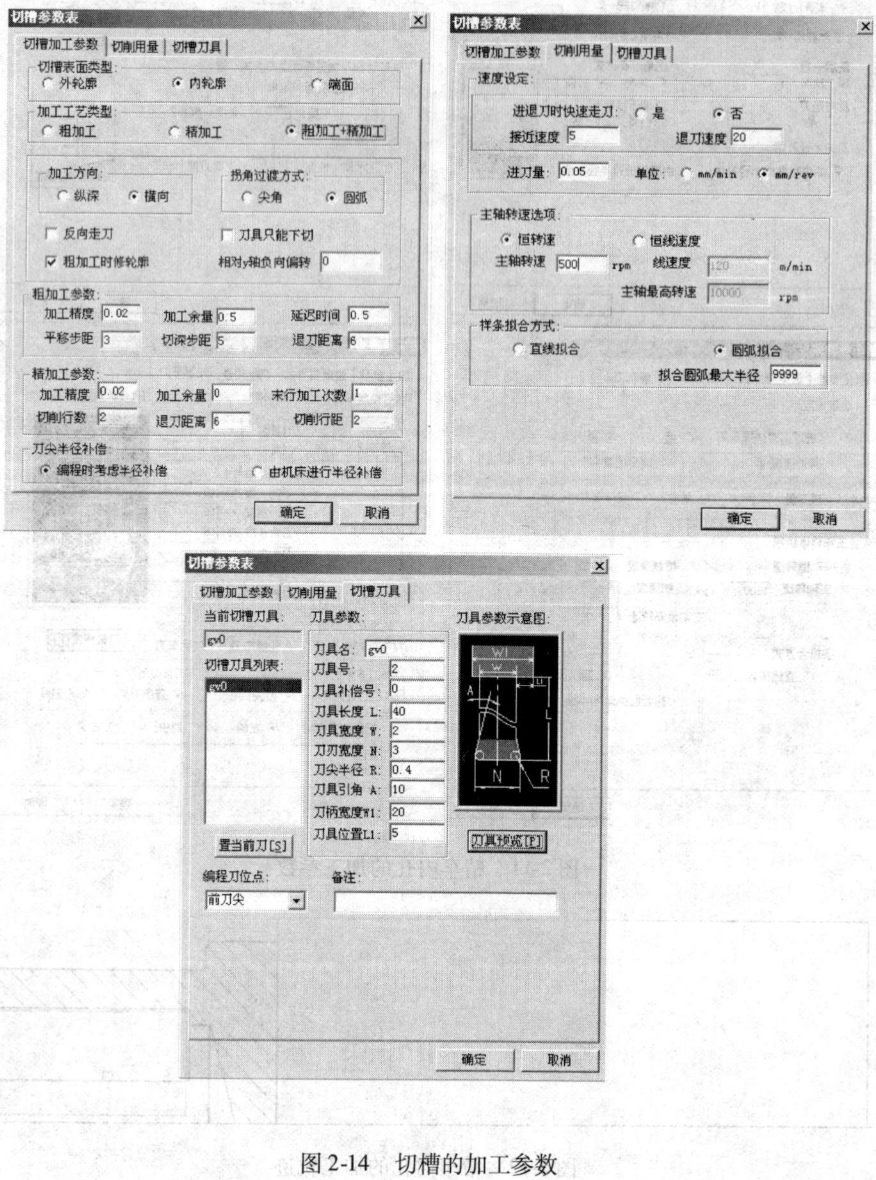

图 2-14　切槽的加工参数

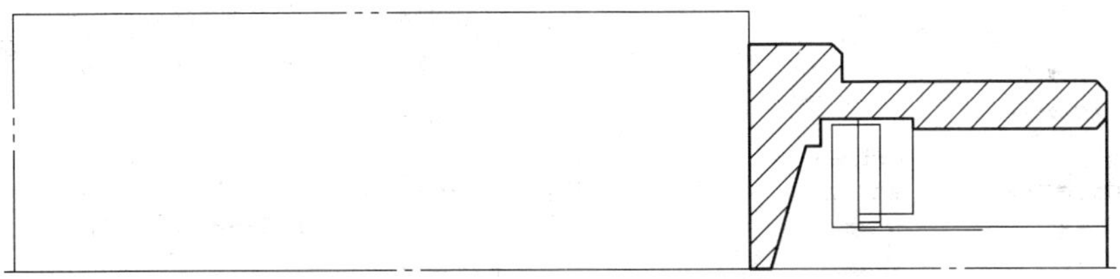

图 2-15　切槽的加工轨迹

4）加工螺纹。螺纹的加工造型、加工参数、加工轨迹分别如图 2-16、图 2-17、图 2-18 所示。

图 2-16　螺纹的加工造型

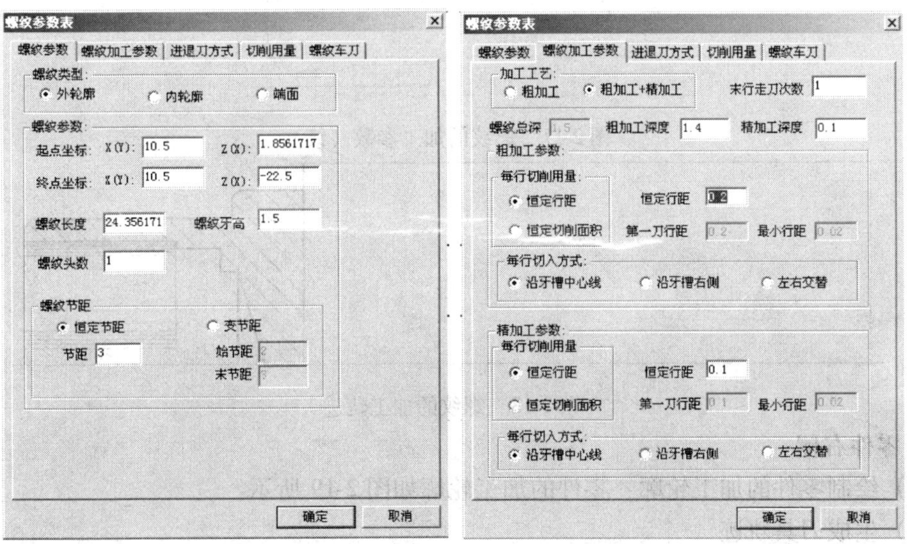

图 2-17　螺纹的加工参数

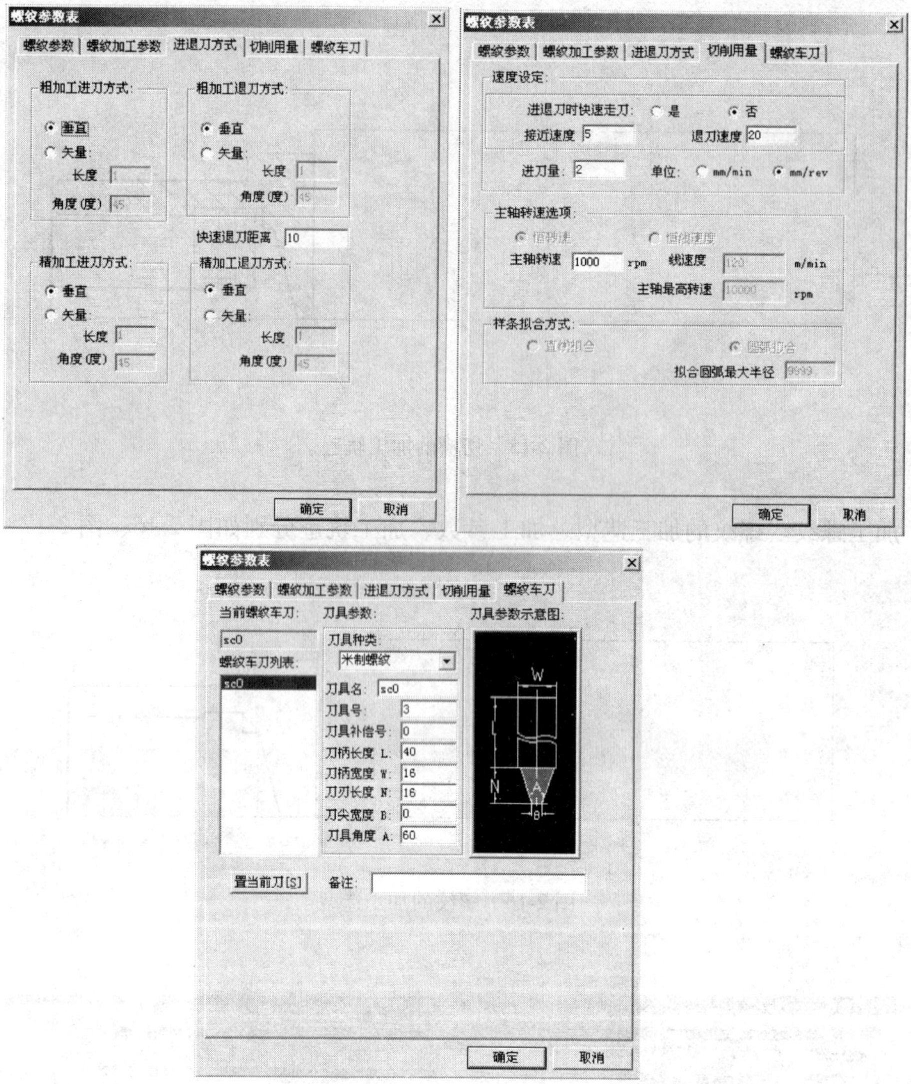

图 2-17 螺纹的加工参数（续）

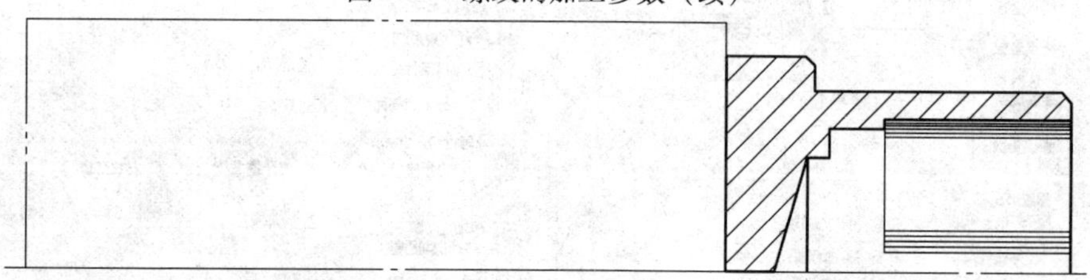

图 2-18 螺纹的加工轨迹

2. 零件右侧

（1）绘制零件的加工轮廓 零件的加工轮廓如图 2-19 所示。

（2）生成刀具轨迹

1）粗、精车外圆。零件右侧外圆轮廓如图 2-20 所示，粗车外圆的加工参数设置如图 2-21 所示，其加工轨迹如图 2-22 所示。

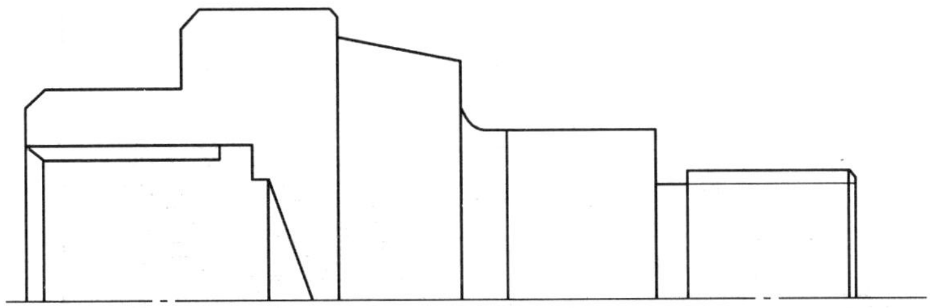

图 2-19　零件的加工轮廓

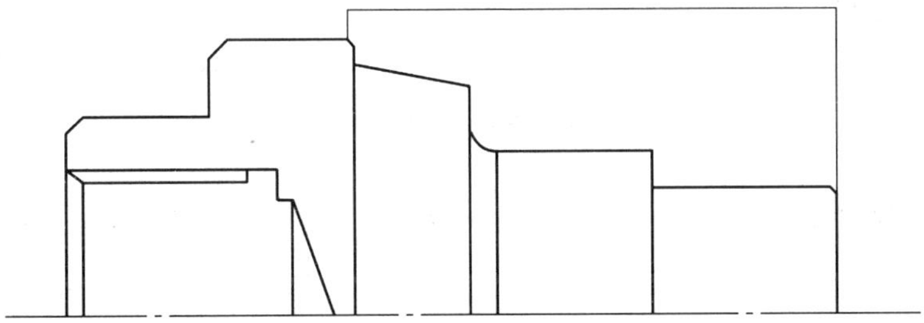

图 2-20　右侧外圆轮廓

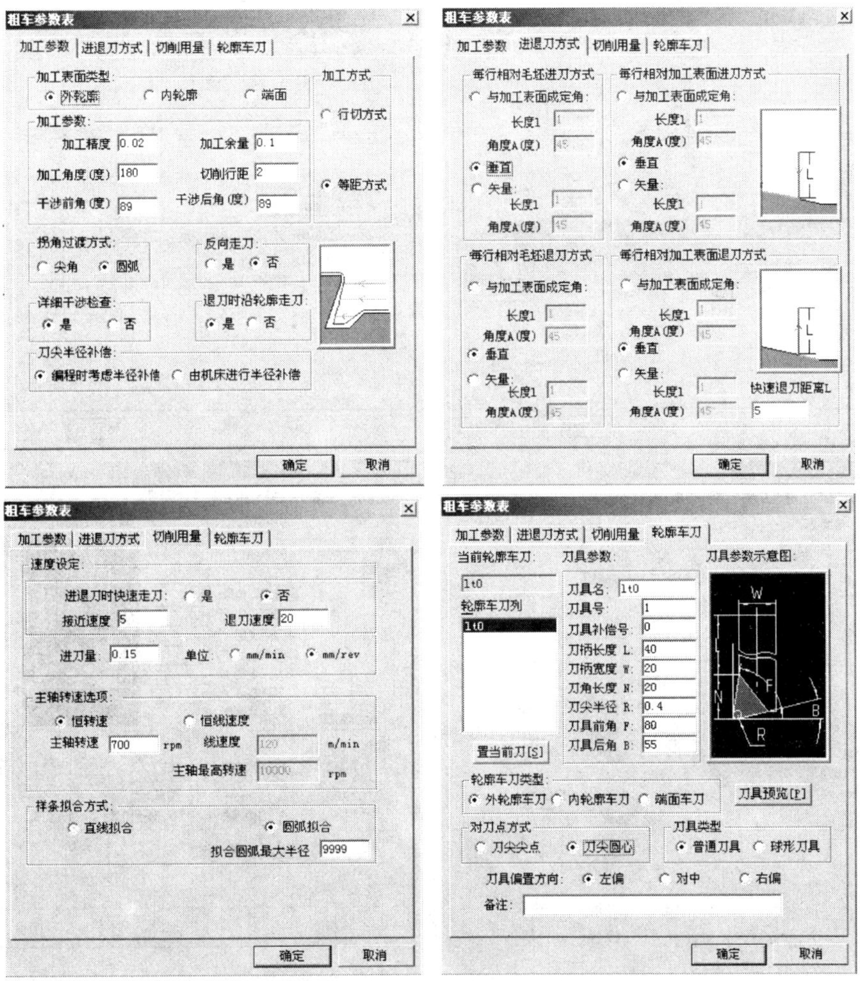

图 2-21　粗车外圆的加工参数

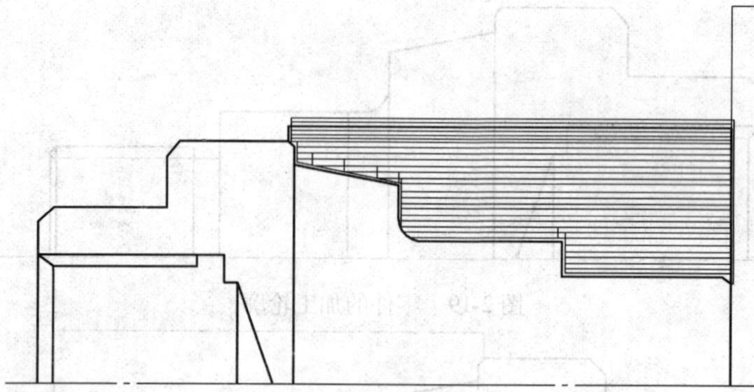

图 2-22　粗车外圆的加工轨迹

精车右侧外圆的加工参数设置如图 2-23 所示，其加工轨迹如图 2-24 所示。

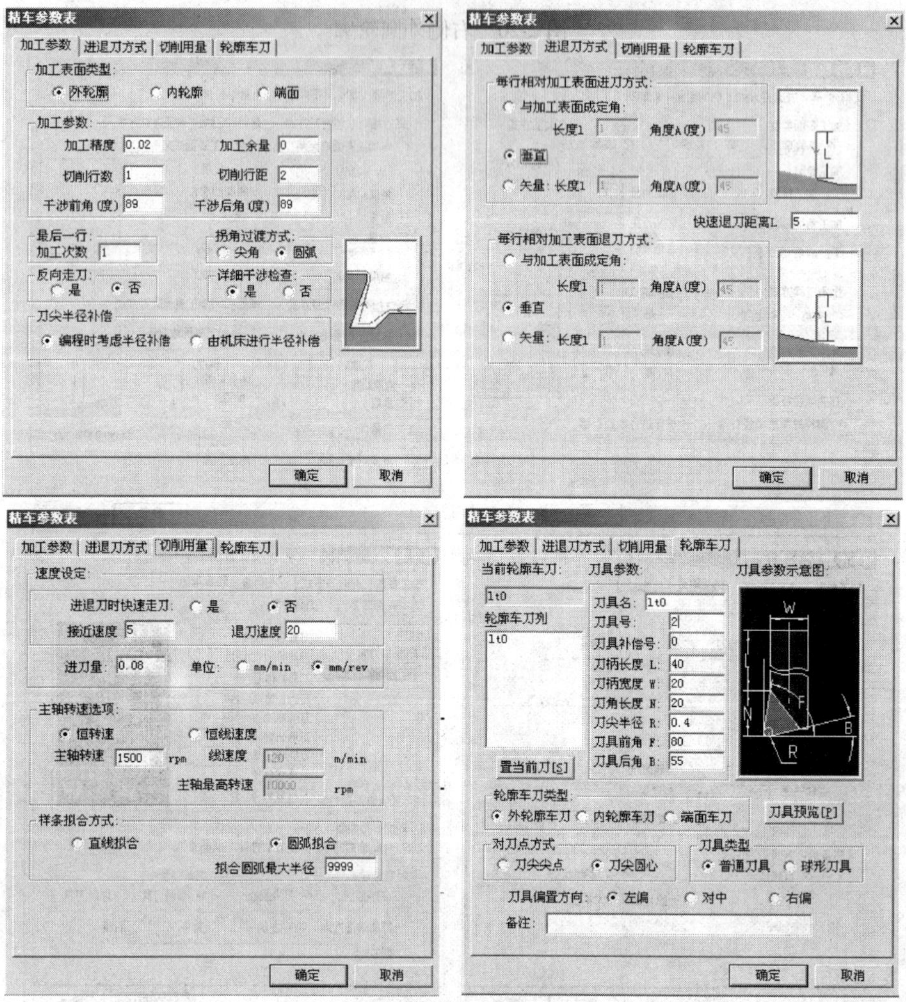

图 2-23　精车外圆的加工参数

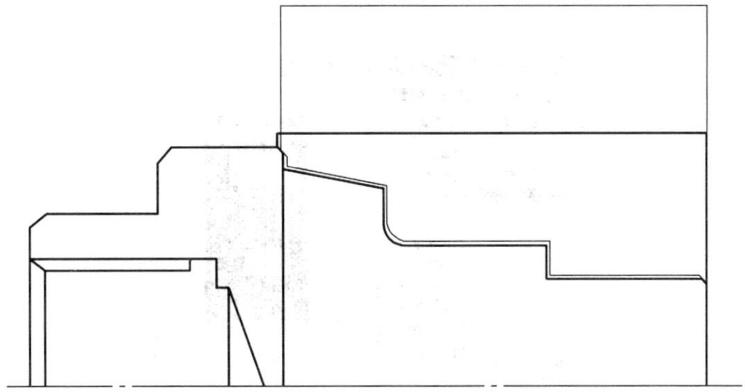

图 2-24　精车外圆的加工轨迹

2）切槽。切槽的加工轮廓、加工参数、加工轨迹分别如图 2-25、图 2-26、图 2-27 所示。

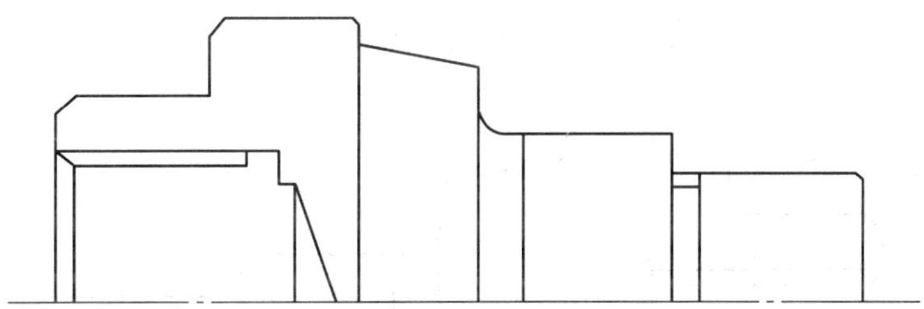

图 2-25　切槽加工轮廓

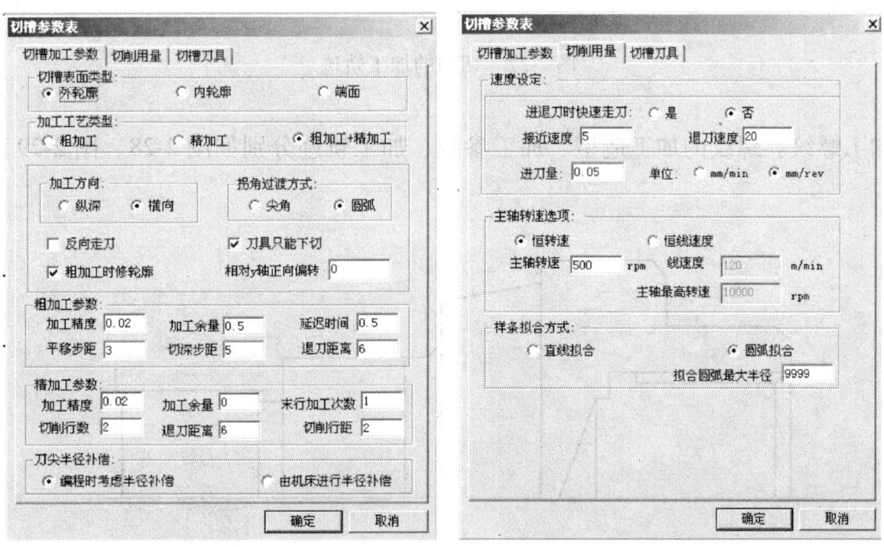

图 2-26　切槽的加工参数

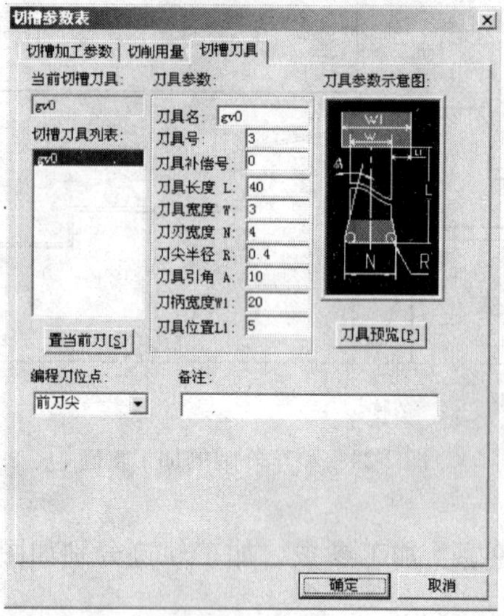

图 2-26　切槽的加工参数（续）

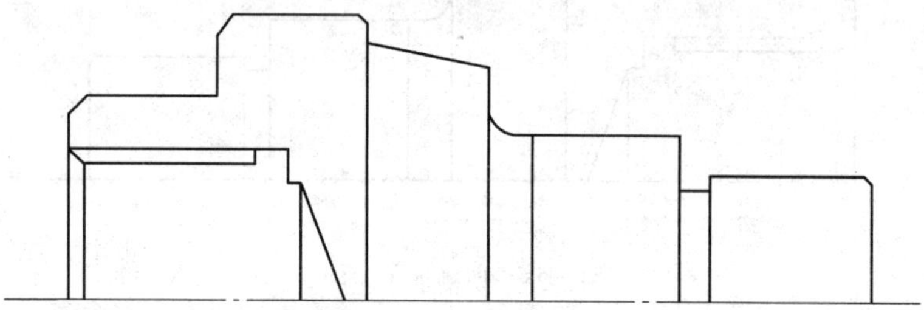

图 2-27　切槽的加工轨迹

3）加工螺纹。螺纹的加工造型、加工参数、加工轨迹分别如图 2-28、图 2-29、图 2-30 所示。

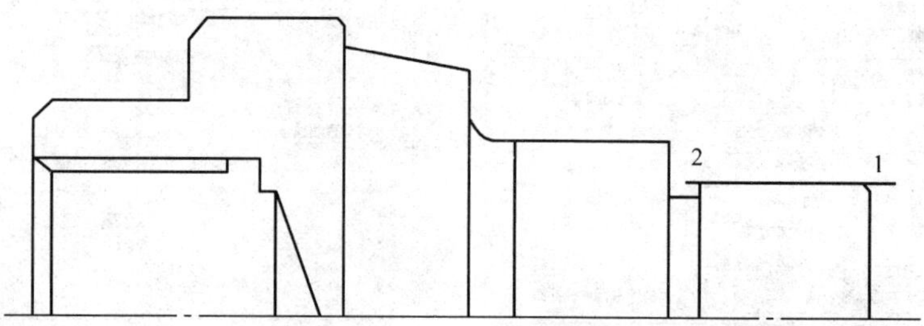

图 2-28　螺纹加工造型

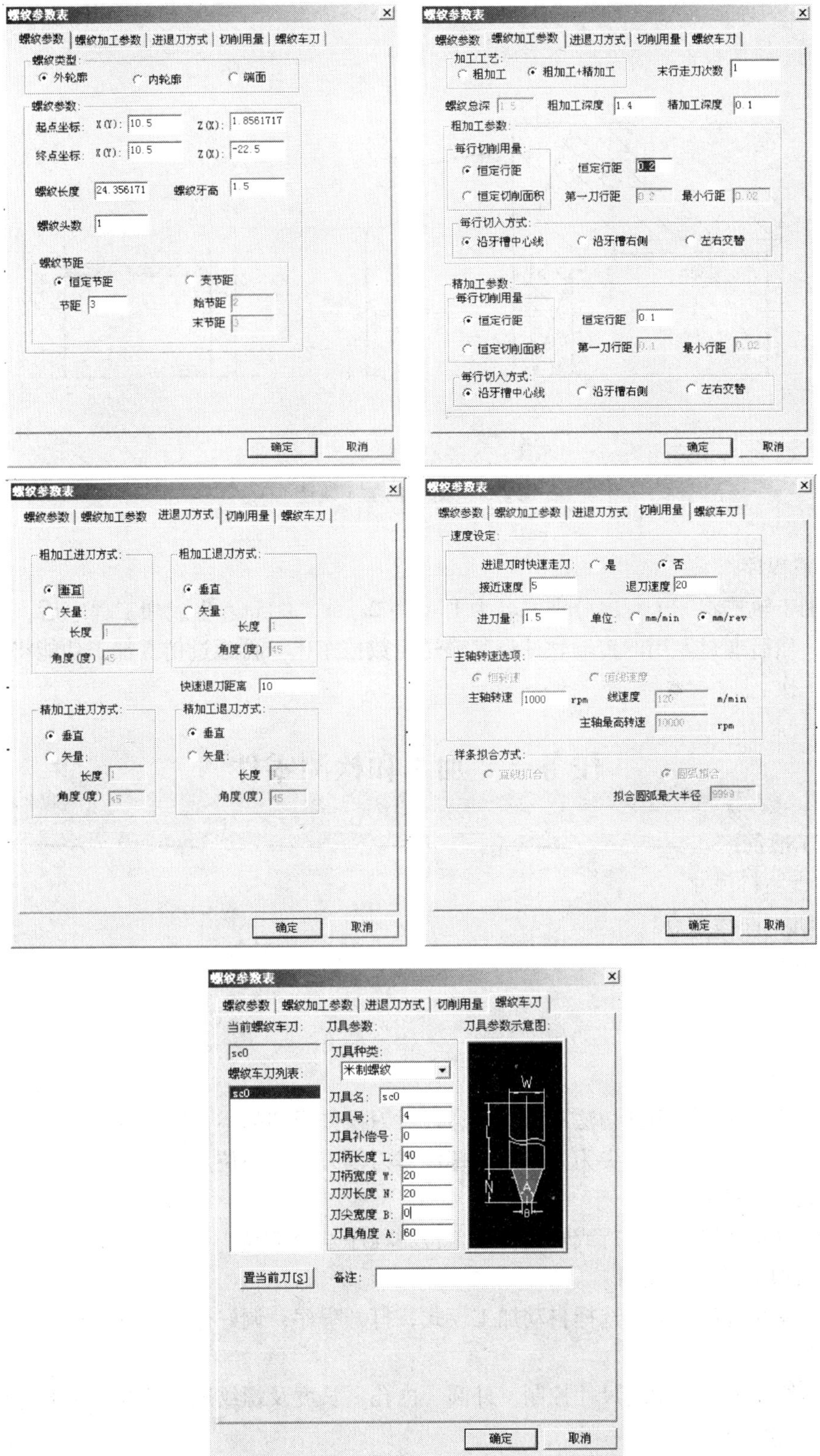

图 2-29　螺纹的加工参数

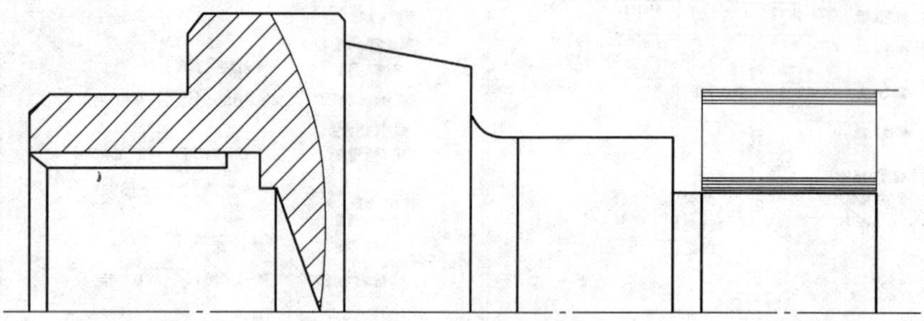

图 2-30 螺纹的加工轨迹

3. 生成程序

根据加工轨迹将三个程序分别取名为 1. cut、2. cut、3. cut。生成加工程序后，应仔细检查、修改，然后通过专用的传输软件将其输送至数控车床。再通过仿真加工功能将三个程序分别模拟一次。

任务三 加工和检测零件

1. 加工准备

1）检查坯料尺寸。

2）开机，回参考点。

3）输入程序。

4）装夹工件。

5）装夹刀具。

2. 对刀设置

所有刀具应依次采用试切法对刀，把通过对刀操作得到的零偏置分别输入各自的长度补偿中。其中，切槽刀以左刀尖为刀位点，螺纹车刀以刀尖为刀位点。

3. 空运行及仿真

对输入的程序进行空运行或轨迹仿真，检测程序是否正确。

4. 自动加工及尺寸控制

（1）零件的自动加工 选择自动加工模式，打开程序，调好进给倍率，按下循环启动按钮进行加工。

（2）零件加工过程中的尺寸控制 外圆、内孔、长度及螺纹尺寸的控制可通过修改刀具磨损量的方法实现。

5. 检测零件与评分

在零件加工结束后进行检测，对其进行误差与质量分析，并将结果填入表 2-3。

表 2-3　数控车床编程与操作考核表

班级		姓名		学号		日期	
项目名称	内沟槽、内螺纹的车削（2）				项目序号	01	
基本检查		序号	检测项目		配分	学生自评	教师评分
基本检查	编程	1	切削加工工艺制订正确		3		
		2	切削用量选用合理		2		
		3	程序正确、简单、明确且规范		3		
	操作	4	设备操作、维护保养正确		3		
		5	刀具选择、安装正确、规范		2		
		6	工件找正、安装正确、规范		2		
		7	安全文明生产		2		
工作态度		8	行为规范、纪律良好		3		
外圆		9	$\phi35^{-0.010}_{-0.027}$mm，$Ra1.6\mu m$		5/2		
		10	$\phi45^{\ 0}_{-0.017}$mm，$Ra1.6\mu m$		5/2		
		11	$\phi51$mm		5		
		12	$\phi58$mm		5		
		13	$\phi65^{\ 0}_{-0.019}$mm		5/2		
圆弧		14	$R8$mm		2		
退刀槽		15	5mm×2mm		3		
外螺纹		16	M30×2-6g，$Ra3.2\mu m$		6/2		
内沟槽		17	6mm×2mm		3		
内螺纹		18	M30×2-6g，$Ra3.2\mu m$		6/2		
长度		19	30mm		2		
		20	25mm		2		
		21	30mm		2		
		22	55mm		2		
		23	$75^{+0.1}_{+0.2}$mm		4		
		24	120mm		2		
倒角		25	$C1$ 四处		8		
其他		26	锐边倒钝去毛刺		3		
综合得分					100		

四、项目总结

在二次装夹加工工件时，应注意避免夹伤已加工表面；一夹一顶装夹工件时，应使顶尖的顶紧力适度，切削过程中要随时注意顶尖的松紧程度，及时加以调整，以防止工件不同轴。安装车刀时，刀具的伸出长度要合理，注意检查行程；应特别注意刀具在右端面进给到 X 最小尺寸时与顶尖的距离，不要发生碰撞。

思考与练习

1. 对于螺距为 3mm 的普通外螺纹，应如何分配其加工过程中的背吃刀量？

2. 选择切削用量的依据是什么？

3. 编写如图 2-31 所示零件的数控加工程序并进行加工练习。已知材料为 45 钢，毛坯尺寸为 ϕ50mm × 100mm。

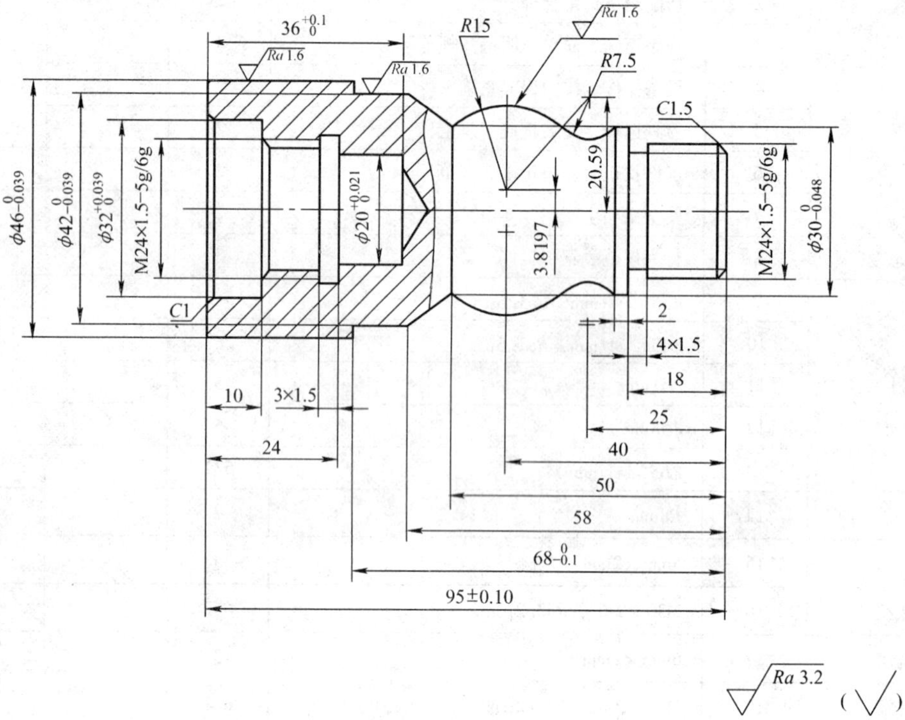

图 2-31 练习题零件图

项目三　非圆曲线外轮廓的车削（1）

一、项目描述

本项目的待加工零件为非圆曲线外轮廓类零件，其非圆曲线为椭圆，如图 3-1 所示。已知毛坯为 ϕ50mm × 100mm 的棒料，材料为 45 钢。要求制订零件的加工工艺；编写数控加工程序；通过数控仿真加工调试，优化程序；最后进行零件的加工和检测。

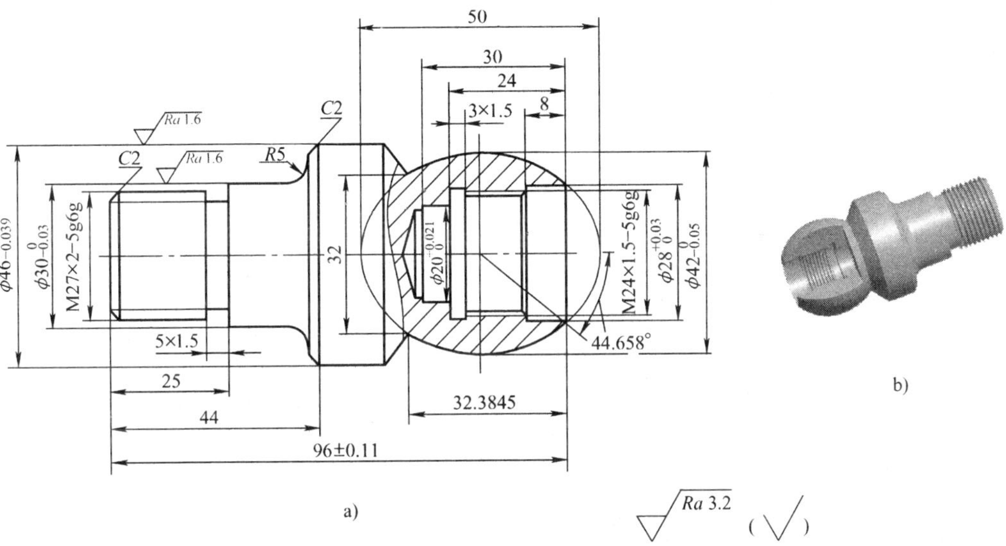

图 3-1　非圆曲线外轮廓车削练习件

a）零件图　b）实体图

二、项目教学目标

1）掌握车削椭圆的数控加工程序的编写方法。

2）能够对复杂的轴类零件进行数控车削工艺分析。

3）合理选择切削用量。

三、项目实施

任务一　制订零件的加工工艺

1. 分析零件图

图 3-1 所示的零件由外圆柱面、圆锥面、圆弧面、外螺纹、内孔、内沟槽、内螺纹组

成。工件三处外圆 $\phi30_{-0.03}^{0}$ mm、$\phi42_{-0.05}^{0}$ mm、$\phi46_{-0.039}^{0}$ mm，两处内孔 $\phi20_{0}^{+0.021}$ mm、$\phi28_{0}^{+0.03}$mm的尺寸精度较高；$\phi30_{-0.03}^{0}$ mm、$\phi46_{-0.039}^{0}$ mm 外圆的表面粗糙度为 $Ra1.6\mu m$；为保证内、外螺纹及总长的尺寸精度，应将尺寸公差控制在图样要求范围内。

2. 确定装夹方案

为保证尺寸公差要求，此零件的加工需进行两次装夹，可采用自定心卡盘装夹加工。考虑到 $\phi46_{-0.039}^{0}$ mm 外圆可用来装夹，因此先加工左端，然后调头装夹 $\phi46_{-0.039}^{0}$ mm 外圆加工右端。

3. 选择刀具

刀具的选用见表 3-1。

表 3-1 刀 具 卡

序 号	刀具号	刀具名称及规格	刀尖半径/mm	加工表面	备 注
1	—	中心钻	—	左端面	手动
2	—	$\phi18$mm 钻头	—	孔	手动
3	T0101	镗孔刀	0.1	孔	—
4	T0202	内沟槽车刀	$B=3$	内沟槽	—
5	T0303	内螺纹车刀	0.2	内螺纹	—
6	T0404	93°外圆车刀	0.2	外轮廓	—
7	T0505	切槽刀	$B=4$	退刀槽	—
8	T0606	60°外螺纹车刀	0.2	外螺纹	—

4. 确定加工方案

1）夹紧零件毛坯，伸出卡盘 65mm，加工右端。

2）钻孔 $\phi18$mm，深度为 35mm。

3）粗、精加工内轮廓至尺寸要求。

4）切 3mm × 1.5mm 内沟槽。

5）车削 M24 × 1.5 三角形内螺纹。

6）粗、精车右端各外圆至尺寸要求，利用外径千分尺保证尺寸精度。

7）调头装夹，用铜皮垫紧 $\phi46$mm 圆柱面，找正，加工左端。

8）粗、精车左端各外圆至尺寸要求，利用外径千分尺保证尺寸精度。

9）切槽 5mm × 1.5mm 至尺寸要求。

10）车削零件 M27 × 2 三角形外螺纹，利用螺纹千分尺保证其尺寸精度。

5. 填写工序卡

按加工顺序将各工步内容、所用刀具编号、切削用量等加工信息填入数控加工工序卡，见表 3-2。

表 3-2　数控加工工序卡

数控加工工序卡	产品名称	零件图号	夹具名称	工序号
			自定心卡盘	01

工步号	工步内容	切削用量			刀具		备注
		主轴转速 n /（r/min）	进给速度 f /（mm/r）	背吃刀量 a_p /mm	编号	名称	
1	钻中心孔	1200	—	—	—	—	手动
2	钻孔	500	—	—	—	—	手动
3	粗加工内轮廓	600	0.2	1	T0101	镗孔刀	—
4	精加工内轮廓	1000	0.1	0.5	T0101	镗孔刀	—
5	切 3mm×1.5mm 内沟槽	350	0.05	2	T0202	内沟槽车刀	—
6	车削 M24×1.5 内螺纹	800	—	—	T0303	内螺纹车刀	—
7	粗车零件右端外轮廓	600	0.3	2	T0404	外圆车刀	—
8	精车零件右端外轮廓	1000	0.1	0.5	T0404	外圆车刀	—
9	粗车零件左端外轮廓	600	0.3	2	T0404	外圆车刀	—
10	精车零件左端外轮廓	1000	0.1	0.5	T0404	外圆车刀	—
11	切 5mm×1.5mm 退刀槽	350	0.05	2	T0505	切槽刀	—
12	车削 M27×2 外螺纹	1000	—	—	T0606	外螺纹车刀	—
编制		审核		批准		共 1 页	第 1 页

任务二　编写数控加工程序

根据各加工工步的进给路线编写零件的数控加工程序，见表 3-3。

表 3-3　非圆曲线外轮廓数控加工程序单（1）

序号	01	零件图号		编程原点	安装后右端面的中心
程序号		数控系统	FANUC 0i Mate-TC	编　　制	

程序内容	简要说明
右内轮廓	
O0001	
N10　T0101；	换镗孔刀
N20　M03　S600；	
N30　G00　X18　Z5；	
N40　G71　U1　R1　；	调用粗车循环
N50　G71　P60　Q150　U-0.3　W0　F0.2；	
N60　G01　X29　F0.1；	
N70　Z0　；	
N80　X28　Z-0.5；	
N90　Z-8；	
N100　X25.5；	
N110　X22.5　Z-9.5；	
N120　Z-24；	

（续）

程序内容	简要说明
N130 X20, C0.5;	
N140 Z-30;	
N150 X18;	
N160 G00 Z100 M05;	
N170 X100;	
N180 M00;	程序暂停，测量工件尺寸
N190 T0101;	
N200 M03 S1000;	设定精车转速
N210 G00 X18 Z5;	
N220 G70 P60 Q150;	调用精车循环
N230 G00 Z100 M05;	
N240 X100;	
N250 M00;	程序暂停，测量工件尺寸
N260 T0202;	换内沟槽车刀
N270 M03 S350;	设定切槽转速
N280 G00 X19 Z-24;	
N290 G01 X27 F0.05;	
N300 X19 F0.5;	
N310 G00 Z100 M05;	
N320 X100;	
N330 M00;	
N340 T0303;	换内螺纹车刀
N350 M03 S800;	设定车削螺纹转速
N360 G00 X19 Z5;	
N370 G92 X23 Z-22.5 F1.5;	调用螺纹循环
N380 X23.4;	
N390 X23.7;	
N400 X24.1;	
N410 X24.3;	
N420 X24.36;	
N430 G00 Z100 M05;	
N440 X100;	
N450 M30;	程序结束
右外轮廓	
O0002	
N10 T0404;	换外圆车刀
N20 M03 S600;	设定转速
N30 G00 X55 Z5;	
N40 G73 U7 R7;	调用仿形循环，设定相关参数
N50 G73 P60 Q150 U0.8 W0 F0.3;	
N60 #1 = 16.1922;	
N70 WHILE [#1 GE -16.1922] DO1;	
N80 #2 = 0.595 * [625 - #1 * #1];	
N90 G01 X [#1] Z [#1 - 16.1922] F0.1;	
N100 #1 = #1 - 0.1;	
N110 END1;	

（续）

程序内容	简要说明
N120　G01　X46　Z－38；	
N130　Z－55；	
N140　X55；	
N150　G00　X100　Z100　M05；	
N160　M00；	
N170　T0404；	
N180　M03　S1000；	
N190　G00　X55　Z5；	
N200　G70　P60　Q150；	调用精车循环
N210　G00　X100　Z100　M05；	
N220　M30；	程序结束
左外轮廓	
O0003	
N10　T0404；	换外圆车刀
N20　M03　S600；	设定转速
N30　G00　X55　Z5；	
N40　G71　U1.5　R1.5；	调用粗车循环
N50　G71　P60　Q150　U0.5　W0　F0.3；	
N60　G01　X22.8　F0.1；	
N70　Z0；	
N80　X26.8　Z－2；	
N90　Z－25；	
N100　X30，C0.5；	
N110　Z－37；	
N120　G02　X40　Z－42　R5；	
N130　G01　X42　；	
N140　X46　Z－44；	
N150　X55；	
N160　G00　X100　Z100　M05；	
N170　M00；	
N180　T0404；	
N190　M03　S1000；	
N200　G00　X55　Z5；	
N210　G70　P60　Q150；	调用精车循环
N220　G00　X100　Z100　M05；	
N230　M00；	
N240　T0505；	换切槽刀
N250　M03　S350；	设定转速
N260　G00　X33　Z－25；	
N270　G01　X23.8　F0.05；	
N280　X33　F0.5；	
N290　W1；	
N300　X23.8　F0.05；	

（续）

程序内容	简要说明
N310 X33 F0.5；	
N320 G00 X100 Z100 M05；	
N330 M00；	
N340 T0606；	换外螺纹车刀
N350 M03 S1000；	设定转速
N360 G00 X33 Z5；	
N370 G92 X26.3 Z－23 F2；	调用螺纹循环
N380 X25.9；	
N390 X25.5；	
N400 X25.1；	
N410 X24.7；	
N420 X24.4；	
N430 X24.32；	
N440 G00 X100 Z100 M05；	
N450 M30；	程序结束

任务三 仿真加工零件

1）打开仿真软件、开机。
2）选择面板、车床各轴回零。
3）选择及安装刀具、设置毛坯。
4）对刀。
5）输入程序。
6）程序校验。
7）自动运行仿真加工。
8）测量工件、优化程序。

任务四 加工和检测零件

1. 加工准备

1）检查坯料尺寸。
2）开机，回零。
3）输入程序。
4）装夹工件。
5）装夹刀具。

2. 对刀设置

所有刀具应依次采用试切法对刀，把通过对刀操作得到的零偏置分别输入各自的长度补偿中。其中，切槽刀以左刀尖为刀位点，螺纹车刀以刀尖为刀位点。

3. 空运行及仿真

对输入的程序进行空运行或轨迹仿真，检测程序是否正确。

4. 自动加工及尺寸控制

（1）零件的自动加工　选择自动加工模式，打开程序，调好进给倍率，按下循环启动按钮进行加工。

（2）零件加工过程中的尺寸控制　外圆、内孔、长度及螺纹尺寸的控制可通过修改刀具磨损量的方法实现。

5. 检测零件与评分

在零件加工结束后进行检测，对其进行误差与质量分析，并将结果填入表3-4。

表3-4　数控车床编程与操作考核表

班级		姓名		学号		日期
项目名称	非圆曲线外轮廓的车削（1）				序号	01
		序号	检测项目	配分	学生自评	教师评分
基本检查	编程	1	切削加工工艺制订正确	3		
		2	切削用量选用合理	2		
		3	程序正确、简单、明确且规范	3		
	操作	4	设备操作、维护保养正确	3		
		5	刀具选择、安装正确、规范	2		
		6	工件找正、安装正确、规范	2		
		7	安全文明生产	2		
工作态度		8	行为规范、纪律良好	3		
外圆		9	$\phi30_{-0.03}^{0}$mm，$Ra1.6\mu m$	5/2		
		10	$\phi42_{-0.05}^{0}$mm	5		
		11	$\phi46_{-0.039}^{0}$mm，$Ra1.6\mu m$	5/2		
退刀槽		12	5mm×1.5mm	3		
外螺纹		13	M27×2，$Ra3.2\mu m$	6/2		
内孔		14	$\phi20_{0}^{+0.021}$mm，$Ra1.6\mu m$	5/2		
		15	$\phi28_{0}^{+0.03}$mm，$Ra1.6\mu m$	5/2		
内沟槽		16	3mm×1.5mm	3		
内螺纹		17	M24×1.5，$Ra3.2\mu m$	6/2		
椭圆		18	椭圆轮廓	6		
圆弧		19	$R5$mm	2		
倒角		20	$C2$ 两处	4		
长度		21	8mm	2		
		22	24mm	2		
		23	25mm	2		
		24	30mm	2		
		25	44mm	2		
		26	96±0.11mm	3		
综合得分				100		

四、项目总结

该项目中零件的右端由椭圆构成，用 G01、G02、G03 等直线、圆弧插补常规指令难以处理此部分。拟合节点的计算也相当繁琐复杂，而且表面质量和尺寸要求都很难保证，最好利用宏程序进行编程。

使用宏程序时，应注意宏程序变量的选取，宏程序加工起点的位置与变量的方向和数值紧密相关。

思考与练习

1. 数控车床的常用夹具有哪些？如何在这些夹具中安装找正工件？
2. 工厂中常用的数控车床工艺文件有哪些？
3. 编写如图 3-2 所示零件的数控加工程序并进行加工练习。已知材料为 45 钢，毛坯尺寸为 ϕ50mm × 123mm。

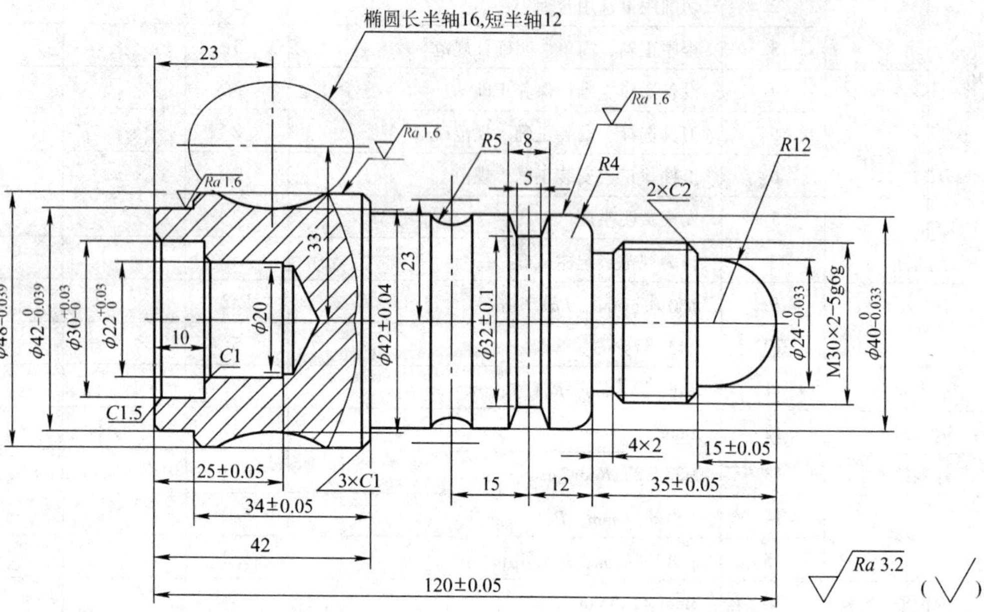

图 3-2　练习题零件图

项目四　非圆曲线外轮廓的车削（2）

一、项目描述

本项目的待加工零件为非圆曲线类零件。其非圆曲线为椭圆，如图 4-1 所示。已知毛坯为 ϕ50mm×125mm 的棒料，材料为 45 钢。要求制订零件的加工工艺；编写数控加工程序；通过数控仿真加工调试，优化程序；最后进行零件的加工和检测。

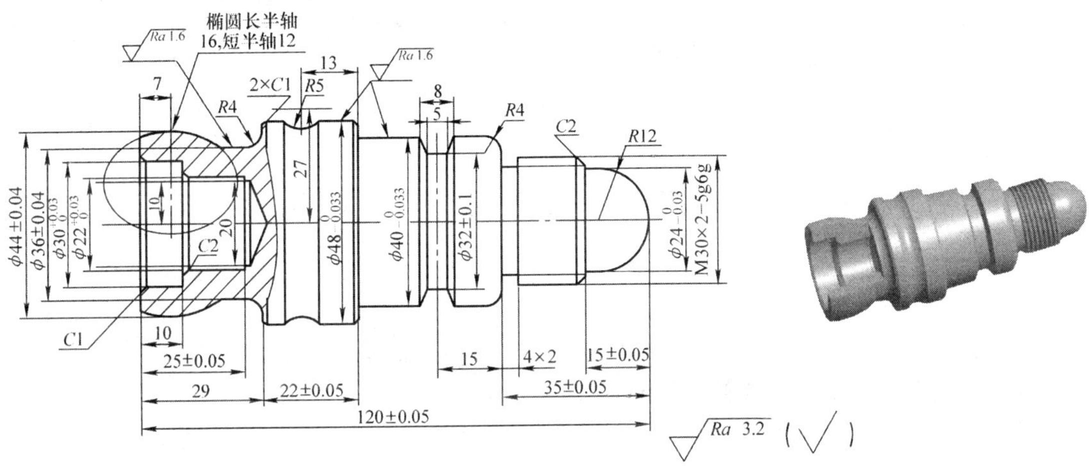

a)　　　　b)

图 4-1　非圆曲线外轮廓车削练习件

a）零件图　b）实体图

二、项目教学目标

1）掌握复杂类圆弧面零件的加工技巧，掌握椭圆的程序编写方法。

2）合理选择加工时的切削用量。

3）采用合理的方法保证加工精度。

三、项目实施

任务一　制订零件的加工工艺

1. 分析零件图

图 4-1 所示的零件由外圆柱面、椭圆面、圆弧面、梯形槽、外螺纹、内孔等组成。精度

比较高的地方有 $\phi24_{-0.03}^{0}$mm、$\phi(32\pm0.1)$mm、$\phi(36\pm0.04)$mm、$\phi40_{-0.033}^{0}$mm、$\phi(44\pm0.04)$mm、$\phi48_{-0.033}^{0}$mm 等外圆，以及 $\phi22_{0}^{+0.03}$mm、$\phi30_{0}^{+0.03}$mm 内孔；$\phi48_{-0.033}^{0}$mm、$\phi(36\pm0.04)$mm、$\phi40_{-0.033}^{0}$mm 三处外圆的表面粗糙度为 $Ra1.6\mu m$；为保证外螺纹及总长的尺寸精度，应将尺寸公差控制在图样要求的范围内。

2. 确定装夹方案

为保证尺寸公差要求，此零件的加工需进次两次装夹，采用自定心卡盘定位装夹方式，设计基准为定位基准，符合基准重合原则。

3. 选择刀具

刀具的选用见表4-1。

表4-1 刀 具 卡

序号	刀具号	刀具名称及规格	刀尖半径/mm	加工表面	备 注
1	—	中心钻	—	左端面	手动
2	—	ϕ20mm 钻头	—	孔	手动
3	T0101	93°外圆车刀	0.2	外轮廓	—
4	T0202	镗孔刀	0.1	孔	—
5	T0303	切槽刀	$B=4$	槽	—
6	T0404	60°外螺纹车刀	0.2	外螺纹	—

4. 确定加工方案

1）夹紧零件毛坯，伸出卡盘76mm，加工右端。

2）粗、精车右端各外圆至 $\phi40_{-0.033}^{0}$mm 处，利用外径千分尺保证尺寸精度。

3）切槽 4mm×2mm 至尺寸要求。

4）车削 M30×2 三角形外螺纹，利用螺纹千分尺保证其尺寸精度。

5）调头装夹，用铜皮垫紧 $\phi40_{-0.033}^{0}$mm 圆柱面，找正，加工左端。

6）钻毛坯孔 ϕ20mm，深度为30mm。

7）粗、精加工内轮廓至尺寸要求，利用内径量表保证尺寸精度。

8）粗、精车左端外轮廓，利用外径千分尺保证尺寸精度。

5. 填写工序卡

按加工顺序将各工步内容、所用刀具编号、切削用量等加工信息填入数控加工工序卡，见表4-2。

表4-2 数控加工工序卡

<table>
<tr><td colspan="2" rowspan="2">数控加工工序卡</td><td colspan="2">产品名称</td><td colspan="1">零件图号</td><td colspan="2">夹具名称</td><td>工序号</td></tr>
<tr><td colspan="2"></td><td></td><td colspan="2">自定心卡盘</td><td>01</td></tr>
<tr><td rowspan="2">工步号</td><td rowspan="2">工步内容</td><td colspan="3">切削用量</td><td colspan="2">刀具</td><td rowspan="2">备 注</td></tr>
<tr><td>主轴转速 n /(r/min)</td><td>进给速度 f /(mm/r)</td><td>背吃刀量 a_p /mm</td><td>编号</td><td>名称</td></tr>
<tr><td>1</td><td>粗车零件右端外轮廓</td><td>600</td><td>0.3</td><td>2</td><td>T0101</td><td>外圆车刀</td><td>—</td></tr>
<tr><td>2</td><td>精车零件右端外轮廓</td><td>1000</td><td>0.1</td><td>0.5</td><td>T0101</td><td>外圆车刀</td><td>—</td></tr>
</table>

（续）

数控加工工序卡		产品名称		零件图号	夹具名称		工序号
					自定心卡盘		01
工步号	工步内容	切削用量			刀具		备　注
		主轴转速 n /(r/min)	进给速度 f /(mm/r)	背吃刀量 a_p /mm	编号	名称	
3	切 4mm×2mm 退刀槽	350	0.1	2	T0303	切槽刀	—
4	车削 M30×2 外螺纹	1000	—	—	T0404	外螺纹车刀	—
5	钻中心孔	1200	—	—	—	—	手动
6	钻孔	500	—	—	—	—	手动
7	粗加工内轮廓	600	0.25	1	T0202	镗孔刀	—
8	精加工内轮廓	1000	0.08	0.5	T0202	镗孔刀	—
9	粗车零件左端外轮廓	600	0.3	2	T0101	外圆车刀	—
10	精车零件左端外轮廓	1000	0.1	0.5	T0101	外圆车刀	—
编制	审核			批准		共 1 页	第 1 页

任务二　编写数控加工程序

根据各加工工步的进给路线编写零件的数控加工程序，见表 4-3。

表 4-3　非圆曲线外轮廓数控加工程序单（2）

序号	01	零件图号		编程原点	安装后右端面的中心
程序号		数控系统	FANUC 0i Mate-TC	编制	

程 序 内 容	简 要 说 明
右外轮廓	
O0001	
N10　T0101；	换外圆车刀
N15　M03　S600；	
N20　G00　X50　Z5；	
N25　G71　U1.5　R1.5；	调用粗车循环
N30　G71　P35　Q80　U0.5　W0　F0.25；	
N35　G00　X0；	
N40　G01　Z0　F0.1；	
N45　G03　X24　Z－12　R12；	
N50　G01　X30，　C2；	
N55　Z－35；	
N60　G01　X40，　R4；	
N65　Z－69；	
N70　X48，　C1；	
N75　Z－70；	

（续）

程序内容	简要说明
N80 X50;	
N85 G00 X80 Z100 M05;	
N90 M00;	
N95 T0101;	
N100 M03 S1000;	
N105 G00 X50 Z5;	
N110 G70 P35 Q80;	调用精车循环
N115 G00 X100 Z100 M05 ;	
N120 M00;	
N125 T0303;	换切槽刀
N130 M03 S350 ;	设定转速
N135 G00 X45 Z-35;	
N140 G01 X24 F0.1;	
N145 G01 X45 F0.5;	
N150 G00 Z-52.5;	
N155 G01 X32 F0.1;	
N160 X45 F0.5 ;	
N165 W-1.5;	
N170 X40 F0.1;	
N175 X32 W1.5;	
N180 X45 F0.5;	
N185 W2.5;	
N190 X32 F0.1;	
N195 X45 F0.5;	
N200 W1.5;	
N205 X40 F.1;	
N210 X32 W-1.5;	
N215 X45 F0.5;	
N220 G00 X100 Z100 M05;	
N225 M00;	
N230 T0404;	换螺纹车刀
N235 M03 S1000;	
N240 G00 X33 Z-10;	
N245 G92 X27 Z-32 F2;	调用螺纹循环
N250 X26.6;	
N255 X26.2;	
N260 X25.8;	
N265 X25.6;	
N270 X25.5;	
N275 X25.4;	
N280 G00 X100 Z100 M05;	
N285 M30;	程序结束

（续）

程序内容	简要说明
左内轮廓	
O0002	
N10　T0202；	换镗孔刀
N15　M03　S600；	设定转速
N20　G00　X20　Z5；	
N25　G71　U1　R1；	调用粗车循环
N30　G71　P35　Q60　U－0.3　W0　F0.25；	
N35　G00　X32　F0.08；	
N40　G01　X30　Z－1；	
N45　Z－10；	
N50　X22，　C2；	
N55　Z－25；	
N60　X20；	
N65　G00　Z100　M5；	
N70　M00；	
N75　T0202；	
N80　M03　S1000；	
N85　G00　X20　Z5；	
N90　G70　P35　Q60；	调用精车循环
N95　G00　Z100　M05；	
N100　M30；	程序结束
左外轮廓	
O0003	
N05　T0101；	换外圆车刀
N10　M03　S600；	
N15　G00　X50　Z5；	
N20　G73　U6　R6　；	调用仿形循环
N25　G73　P30　Q115　U0.8　W0　F0.3；	
N30　G00　X40；	
N35　G01　Z0　F0.1；	
N40　#1＝67；	
N45　WHILE　[#1　LE　131]　DO1；	
N50　#2＝24＊SIN[#1]；	
N55　#3＝16＊COS[#1]；	
N60　G1　X[#2＋20]　Z[#3－7]；	
N65　#1＝#1＋0.1；	
N70　END1；	
N75　G01　X36；	
N80　Z－25；	
N85　G02　X44　Z－29　R4；	
N90　G01　X48，　C1；	

（续）

程序内容	简要说明
N95 Z-34;	
N100 G02 X48 Z-42 R5;	
N105 G01 Z-55;	
N110 X50;	
N115 G00 X100 Z100 M05;	
N120 M00;	
N125 T0101;	
N130 M03 S1000;	
N135 G00 X50 Z5;	
N140 G70 P30 Q115;	调用精车循环
N145 G00 X100 Z100 M05;	
N150 M30;	程序结束

任务三　仿真加工零件

1）打开仿真软件、开机。
2）选择面板、车床各轴回零。
3）选择及安装刀具、设置毛坯。
4）对刀。
5）输入程序。
6）程序校验。
7）自动运行仿真加工。
8）测量工件、优化程序。

任务四　加工和检测零件

1. 加工准备

1）检查坯料尺寸。
2）开机，回零。
3）输入程序。
4）装夹工件。
5）装夹刀具。

2. 对刀设置

所有刀具应依次采用试切法对刀，把通过对刀操作得到的零偏置分别输入各自的长度补偿中。其中，切槽刀以左刀尖为刀位点，螺纹车刀以刀尖为刀位点。

3. 空运行及仿真

对输入的程序进行空运行或轨迹仿真，检测程序是否正确。

4. 自动加工及尺寸控制

（1）零件的自动加工　选择自动加工模式，打开程序，调好进给倍率，按下循环启动按钮进行加工。

（2）零件加工过程中的尺寸控制　外圆、内孔、长度及螺纹尺寸的控制可通过修改刀具磨损量的方法实现。

5. 检测零件与评分

在零件加工结束后进行检测，对其进行误差与质量分析，并将结果填入表4-4。

表4-4　数控车床编程与操作考核表

<table>
<tr><td>班级</td><td colspan="2"></td><td>姓名</td><td></td><td>学号</td><td></td><td>日期</td><td></td></tr>
<tr><td>项目名称</td><td colspan="4">非圆曲线外轮廓的车削(2)</td><td>序号</td><td colspan="3">01</td></tr>
<tr><td rowspan="8">基本检查</td><td></td><td>序号</td><td>检测项目</td><td>配分</td><td>学生自评</td><td>教师评分</td></tr>
<tr><td rowspan="3">编程</td><td>1</td><td>切削加工工艺制订正确</td><td>3</td><td></td><td></td></tr>
<tr><td>2</td><td>切削用量选用合理</td><td>2</td><td></td><td></td></tr>
<tr><td>3</td><td>程序正确、简单、明确且规范</td><td>3</td><td></td><td></td></tr>
<tr><td rowspan="4">操作</td><td>4</td><td>设备操作、维护保养正确</td><td>3</td><td></td><td></td></tr>
<tr><td>5</td><td>刀具选择、安装正确、规范</td><td>2</td><td></td><td></td></tr>
<tr><td>6</td><td>工件找正、安装正确、规范</td><td>2</td><td></td><td></td></tr>
<tr><td>7</td><td>安全文明生产</td><td>2</td><td></td><td></td></tr>
<tr><td colspan="2">工作态度</td><td>8</td><td>行为规范、纪律良好</td><td>3</td><td></td><td></td></tr>
<tr><td colspan="2" rowspan="4">外圆</td><td>9</td><td>$\phi24_{-0.03}^{0}$ mm</td><td>6</td><td></td><td></td></tr>
<tr><td>10</td><td>$\phi(36\pm0.04)$ mm，$Ra1.6\mu m$</td><td>6/2</td><td></td><td></td></tr>
<tr><td>11</td><td>$\phi40_{-0.033}^{0}$ mm，$Ra1.6\mu m$</td><td>6/2</td><td></td><td></td></tr>
<tr><td>12</td><td>$\phi48_{-0.033}^{0}$ mm，$Ra1.6\mu m$</td><td>6/2</td><td></td><td></td></tr>
<tr><td colspan="2" rowspan="2">圆弧</td><td>13</td><td>$R4$ 两处</td><td>2</td><td></td><td></td></tr>
<tr><td>14</td><td>$R5$</td><td>1</td><td></td><td></td></tr>
<tr><td colspan="2" rowspan="4">沟槽</td><td>15</td><td>4mm×2mm</td><td>2</td><td></td><td></td></tr>
<tr><td>16</td><td>$\phi(32\pm0.1)$ mm</td><td>5</td><td></td><td></td></tr>
<tr><td>17</td><td>5mm</td><td>1</td><td></td><td></td></tr>
<tr><td>18</td><td>8mm</td><td>1</td><td></td><td></td></tr>
<tr><td colspan="2">螺纹</td><td>19</td><td>M30×2-5g6g</td><td>5</td><td></td><td></td></tr>
<tr><td colspan="2">椭圆</td><td>20</td><td>椭圆轮廓</td><td>6</td><td></td><td></td></tr>
<tr><td colspan="2" rowspan="2">内孔</td><td>21</td><td>$\phi22_{0}^{+0.03}$ mm</td><td>6</td><td></td><td></td></tr>
<tr><td>22</td><td>$\phi30_{0}^{+0.03}$ mm</td><td>6</td><td></td><td></td></tr>
<tr><td colspan="2" rowspan="8">长度</td><td>23</td><td>10mm</td><td>1</td><td></td><td></td></tr>
<tr><td>24</td><td>(15±0.05)mm</td><td>2</td><td></td><td></td></tr>
<tr><td>25</td><td>15mm</td><td>2</td><td></td><td></td></tr>
<tr><td>26</td><td>(22±0.05)mm</td><td>2</td><td></td><td></td></tr>
<tr><td>27</td><td>(25±0.05)mm</td><td>2</td><td></td><td></td></tr>
<tr><td>28</td><td>29mm</td><td>2</td><td></td><td></td></tr>
<tr><td>29</td><td>(35±0.05)mm</td><td>2</td><td></td><td></td></tr>
<tr><td>30</td><td>(120±0.05)mm</td><td>2</td><td></td><td></td></tr>
<tr><td colspan="4">综合得分</td><td>100</td><td></td><td></td></tr>
</table>

四、项目总结

使用宏程序编写程序的特点是程序结构简短易读、条理清晰、灵活方便等。该项目椭圆部分的程序适用于不同起始点、不同角度椭圆的加工，加工不同尺寸的椭圆零件时，不必修改宏程序，只需修改相应变量的赋值数据就可以了。如果椭圆的起始点、起始点数值固定，而长半轴、短半轴变化，则在编制宏程序时，只需将长半轴、短半轴以#10、#20 赋值，按照椭圆标准方程或参数方程编写即可。

思考与练习

1. 试写出多重复合循环（G73）的指令格式，并说明指令中各参数的含义。

2. 使用螺纹切削单一固定循环指令（G92）时，注意事项有哪些？

3. 编写如图 4-2 所示零件的数控加工程序并进行加工练习。已知材料为 45 钢，毛坯尺寸为 ϕ50mm × 123mm。

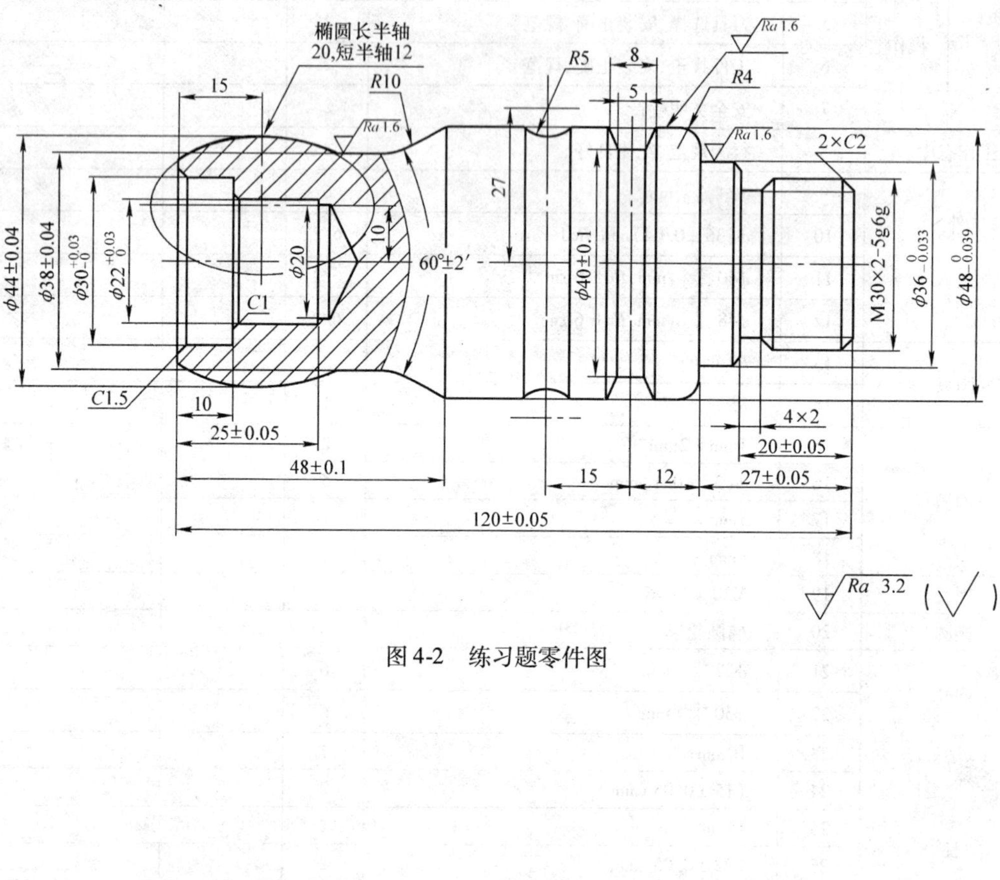

图 4-2　练习题零件图

项目五　非圆曲线外轮廓的车削（3）

一、项目描述

本项目的待加工零件为非圆曲线外轮廓零件，其非圆曲线主要为抛物线，如图 5-1 所示。已知毛坯为 ϕ50mm × 128mm 的棒料，材料为 45 钢。要求制订零件的加工工艺；编写数控加工程序；通过数控仿真加工调试，优化程序；最后进行零件的加工和检测。

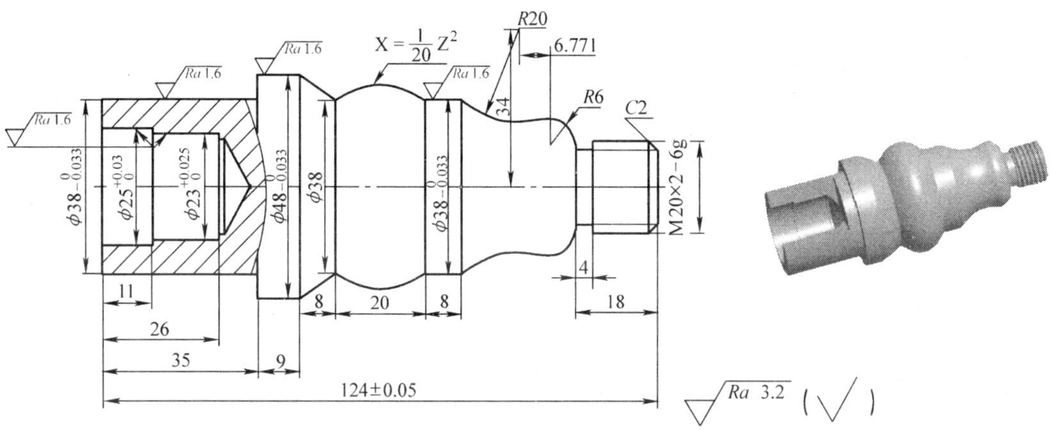

a)　　b)

图 5-1　非圆曲线外轮廓车削练习件

a）零件图　b）实体图

二、项目教学目标

1）掌握抛物线参数方程的程序编写方法。

2）合理安排加工路线，提高加工质量。

3）培养学生的综合分析能力。

三、项目实施

任务一　制订零件的加工工艺

1. 分析零件图

图 5-1 所示零件的加工轮廓较复杂，需要两头加工；零件的轨迹精度要求高。零件的总体结构主要包括圆柱面、内孔、圆弧面、沟槽和螺纹、非圆曲面等。

此零件重要的径向加工部位有 $\phi38_{-0.033}^{0}$ mm 圆柱段（表面粗糙度 $Ra=1.6\mu m$）、$\phi48_{-0.033}^{0}$mm 圆柱段（表面粗糙度 $Ra=1.6\mu m$）、$R6$mm 圆弧与 $R20$mm 圆弧的相切过渡区、$\phi38_{-0.033}^{0}$mm 圆柱段（与 $R20$mm 圆弧相连）、轨迹为 $X=-\frac{1}{20}Z^2$ 的抛物面、$\phi23_{0}^{+0.025}$mm 的内孔（表面粗糙度 $Ra=1.6\mu m$）、$\phi25_{0}^{+0.03}$mm（表面粗糙度 $Ra=1.6\mu m$）、M20×2-6g 三角形外螺纹，其余表面粗糙度均为 $Ra3.2\mu m$。零件重要的轴向加工部位为内孔以及非圆曲面，其他轴向加工部位也应根据尺寸精度进行加工。

2. 确定装夹方案

使用自定心卡盘装夹零件的毛坯外圆，确定零件伸出合适的长度（应将数控车床的限位距离考虑进去）。零件需要加工两端，应考虑两次装夹的位置，由于左端 $\phi38$mm×35mm 的台阶可以用来装夹，因此先加工左端，然后调头夹住 $\phi38$mm×35mm 的台阶加工右端。

3. 选择刀具

刀具的选用见表 5-1。

表 5-1　刀　具　卡

序号	刀具号	刀具名称及规格	刀尖半径/mm	加工表面	备　注
1	—	中心钻	—	左端面	手动
2	—	$\phi20$mm 钻头	—	孔	手动
3	T0101	镗孔刀	0.1	孔	—
4	T0202	93°外圆车刀	0.2	外轮廓	—
5	T0303	切槽刀	$B=4$	退刀槽	—
6	T0404	60°外螺纹车刀	0.2	外螺纹	—

4. 确定加工方案

1）夹紧零件毛坯，伸出卡盘 50mm，加工左端。

2）钻毛坯孔 $\phi20$mm，深度约为 30mm。

3）粗、精加工内孔至要求尺寸，利用内径量表保证尺寸精度。

4）粗车零件左端外圆表面。

5）精车零件左端外圆表面，利用外径千分尺保证尺寸精度。

6）调头装夹，用铜皮垫紧 $\phi38$mm×35mm 外圆，找正，加工右端。

7）粗车零件右端外圆表面。

8）精车零件右端外圆表面，利用外径千分尺保证尺寸精度。

9）切槽 4mm×2mm 至要求尺寸。

10）车削 M20×2 三角形外螺纹，利用螺纹千分尺保证其精度要求。

11）检测、校核。

5. 填写工序卡

按加工顺序将各工步内容、所用刀具编号、切削用量等加工信息填入数控加工工序卡，见表 5-2。

表 5-2　数控加工工序卡

数控加工工序卡		产品名称		零件图号		夹具名称		工序号
						自定心卡盘		01
工步号	工步内容	切削用量			刀具		备　注
		主轴转速 n /(r/min)	进给速度 f /(mm/r)	背吃刀量 a_p /mm	编号	名称	
1	钻中心孔	1200	—	—	—	—	手动
2	钻孔	500	—	—	—	—	手动
3	粗加工零件内孔	600	0.2	1	T0101	镗孔刀	
4	精加工零件内孔	1000	0.1	0.5	T0101	镗孔刀	
5	粗车零件左端外轮廓	600	0.3	2	T0202	外圆车刀	
6	精车零件左端外轮廓	1000	0.1	0.5	T0202	外圆车刀	
7	粗车零件右端外轮廓	600	0.3	2	T0202	外圆车刀	
8	精车零件右端外轮廓	1000	0.1	0.5	T0202	外圆车刀	
9	切 4mm×2mm 退刀槽	350	0.05	2	T0303	切槽刀	
10	车削 M20×2 外螺纹	1000	—	—	T0404	外螺纹车刀	
11	检测、校核	—	—	—	—	—	
编制		审核		批准		共 1 页	第 1 页

任务二　编写数控加工程序

根据各加工工步的进给路线，编写零件的数控加工程序，见表 5-3。

表 5-3　非圆曲线外轮廓数控加工程序单（3）

序号	01	零件图号		编程原点	安装后右端面的中心
程序号		数控系统	FANUC 0i Mate-TC	编制	
程序内容				简要说明	
零件左端					
O0001					
N10　T0101；				换镗孔刀	
N20　M03　S600　G00　X100　Z100；					
N30　G00　X20　Z2；					
N40　G71　U1　R0.5；				调用粗车循环	
N50　G71　P60　Q120　U−0.5　W0.1　F0.2；					
N60　G41　G00　X25；					
N70　G01　Z0　F0.1；					
N80　X25　Z−11；					
N90　X23；					

（续）

程序内容	简要说明
N100 Z－26；	
N110 G40 X21；	
N120 G00 Z100 M05；	
N130 X100；	
N140 M00；	
N150 M03 S1000；	
N160 G00 X20 Z2；	
N170 G70 P60 Q120 F0.1；	调用精车循环
N180 G00 X100 Z100；	
N190 M05；	
N200 M00；	
N210 T0202；	换外圆车刀
N220 M03 S600；	
N230 G00 X51 Z2；	
N240 G71 U2 R1；	调用粗车循环
N250 G71 P270 Q330 U0.5 W0.1 F0.3；	
N260 G00 X36；	
N270 G01 Z0 F0.1；	
N280 X38 Z－1；	
N290 Z－35；	
N300 X48；	
N310 Z－46；	
N320 X50；	
N330 G00 X100 Z100；	
N340 M05；	
N350 M00；	
N360 M03 S1000；	设定精车转速
N370 G00 X51 Z2；	
N380 G70 P270 Q330 F0.1；	调用精车循环
N390 G00 X100 Z100；	
N400 M05；	
N410 M30；	程序结束
零件右端	
O0002	
N10 T0202；	换外圆车刀
N20 M03 S600 G00 X100 Z100；	

（续）

程序内容	简要说明
N30　G00　X51　Z2；	
N40　G73　U17　R8；	调用仿形循环加工
N50　G73　P60　Q210　U0.5　W0.1　F0.3；	
N60　G00　X15.8；	
N70　G01　Z0　F0.1；	
N80　X19.8　Z-2；	
N90　Z-18；	
N100　G03　X29.44　Z-25.6　R6；	
N110　G02　X38　Z-44　R20；	
N120　G01　Z-52；	
N130　#101 = -52；	
N140　#102 = #101 + 62；	
N150　#103 = -[#102] * [#102]/10 + 48；	
N160　G01　X[#103]　Z[#101]；	
N170　#101 = #101 - 1；	
N180　IF　[#101　GE　-72]　GOTO　140；	
N190　G01　X38　Z-72　F0.1；	
N200　G01　X48　Z-80；	
N210　X50；	
N220　G00　X100　Z100；	
N230　M05；	
N240　M00；	
N250　T0202；	
N260　M03　S1000；	
N270　G00　X51　Z2；	
N280　G70　P60　Q210；	调用精车循环
N290　G00　X100　Z100；	
N300　M05；	
N310　M00；	
N320　T0303；	换切槽刀
N330　M03　S350；	
N340　G00　Z-18；	
N350　X22；	
N360　G01　X16　F0.05；	
N370　G00　X100；	
N380　Z100；	

（续）

程序内容	简要说明
N390 M05；	
N400 M00；	
N410 T0404；	换螺纹车刀
N420 M03 S1000；	
N430 G00 X21 Z2；	
N440 G92 X19.5 Z-16 F2；	调用螺纹循环
N450 X19；	
N460 X18.5；	
N470 X18；	
N480 X17.835；	
N490 X17.835；	
N500 G00 X100 Z100；	
N510 M30；	程序结束

任务三　仿真加工零件

（1）打开仿真软件、开机。

（2）选择面板、车床各轴回零。

（3）选择及安装刀具、设置毛坯。

（4）对刀。

（5）输入程序。

（6）程序校验。

（7）自动运行仿真加工。

（8）测量工件、优化程序。

任务四　加工和检测零件

1. 加工准备

（1）检查坯料尺寸。

（2）开机，回零。

（3）输入程序。

（4）装夹工件。

（5）装夹刀具。

2. 对刀设置

所有刀具应依次采用试切法对刀，把通过对刀操作得到的零偏置分别输入各自的长度补偿中。其中，切槽刀以左刀尖为刀位点，螺纹车刀以刀尖为刀位点。

3. 空运行及仿真

对输入的程序进行空运行或轨迹仿真，检测程序是否正确。

4. 自动加工及尺寸控制

（1）零件的自动加工　选择自动加工模式，打开程序，调好进给倍率，按下循环启动按钮进行加工。

（2）零件加工过程中的尺寸控制　外圆、长度及螺纹尺寸的控制可通过修改刀具磨损量的方法实现。

5. 检测零件与评分

在零件加工结束后进行检测，对其进行误差与质量分析，并将结果填入表5-4。

表5-4　数控车床编程与操作考核表

班级		姓名		学号		日期
项目名称	非圆曲线外轮廓的车削(3)				序号	01
基本检查		序号	检测项目	配分	学生自评	教师评分
	编程	1	切削加工工艺制订正确	3		
		2	切削用量选用合理	2		
		3	程序正确、简单、明确且规范	3		
	操作	4	设备操作、维护保养正确	3		
		5	刀具选择、安装正确、规范	2		
		6	工件找正、安装正确、规范	2		
		7	安全文明生产	2		
工作态度		8	行为规范、纪律良好	3		
外圆		9	$\phi38_{-0.033}^{0}$mm, $Ra1.6\mu m$	6/2		
		10	$\phi38_{-0.033}^{0}$mm, $Ra1.6\mu m$	6/2		
		11	$\phi48_{-0.033}^{0}$mm, $Ra1.6\mu m$	6/2		
内孔		12	$\phi23_{0}^{+0.025}$mm, $Ra1.6\mu m$	6/2		
		13	$\phi25_{0}^{+0.03}$mm, $Ra1.6\mu m$	6/2		
螺纹		14	M20×2 中径	6		
		15	两侧 $Ra3.2\mu m$	2		
圆弧		16	$R6$mm	3		
		17	$R20$mm	3		
长度		18	11mm	2		
		19	18mm	2		
		20	20mm	2		
		21	26mm	2		
		22	35mm	2		
		23	(124±0.05)mm	4		
抛物线		24	形状	4		
倒角		25	$C2$(两处)	2		
其他		26	锐边倒钝去毛刺	2		
综合得分				100		

四、项目总结

利用宏程序编制抛物线程序，车削后工件的精度与编程时所选择的步距有关，步距值越小，加工精度越高。但是减小步距会造成数控系统的工作量加大，运算繁忙，影响进给速度的提高，从而降低加工效率。因此，必须根据加工要求合理地选择步距，一般应在满足加工要求的前提下，尽可能选取较大的步距。

抛物线内轮廓车削的编程方法与外轮廓相似，主要考虑中心点位置、凹凸情况及起止点位置，可根据上述实例自行套用编制程序。

思考与练习

1. 在 JOG 和 MDI 状态下换刀的效果有哪些不同？
2. 在工件粗加工结束后，测得其直径偏大 0.1mm，如何通过刀补值在精加工时修正该偏差？
3. 编写如图 5-2 所示零件的数控加工程序并进行加工练习。已知材料为 45 钢，毛坯尺寸为 ϕ50mm × 125mm。

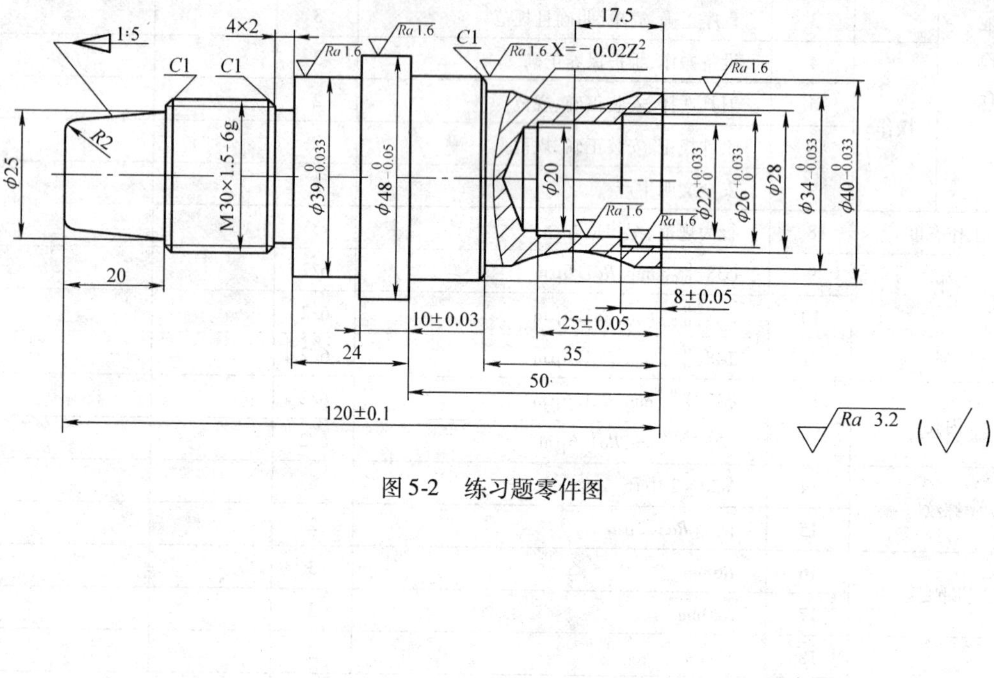

图 5-2　练习题零件图

项目六　轴、套类零件的车削（1）

一、项目描述

本项目的待加工零件为轴、套类零件，如图 6-1 所示。已知毛坯的规格为 ϕ50mm × 155mm，材料为 45 钢。要求制订零件的加工工艺；编写数控加工程序；通过数控仿真加工调试，优化程序；最后进行零件的加工和检测。

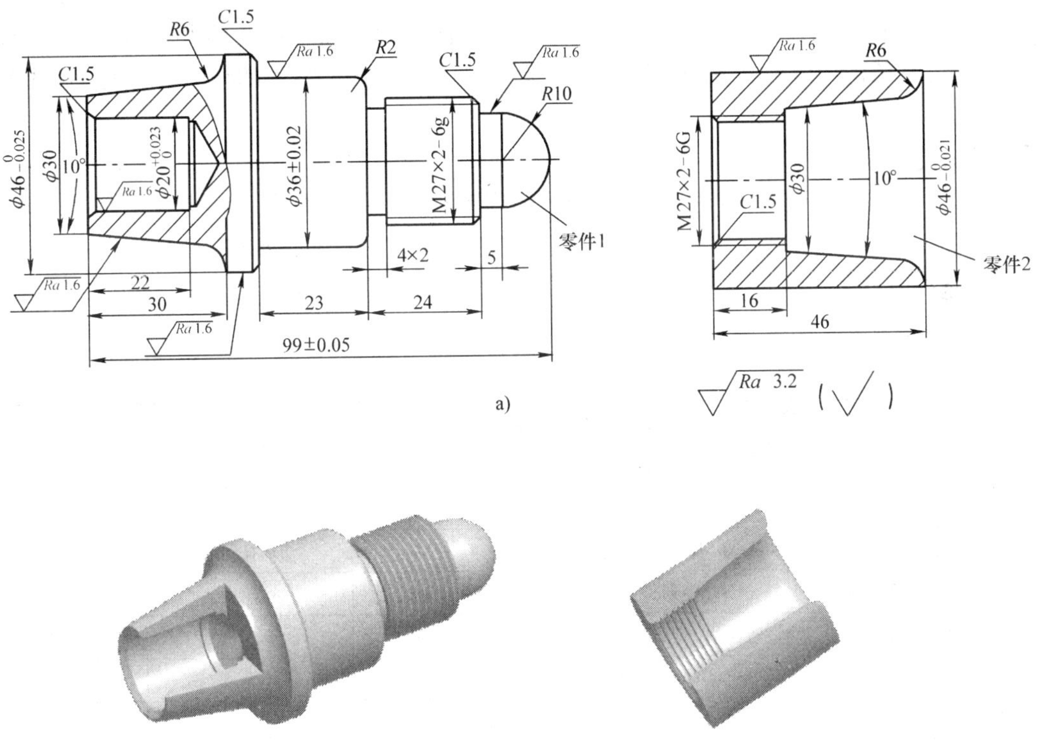

图 6-1　轴、套零件车削练习件

a）零件图　b）实体图

二、项目教学目标

1）能正确制订轴套类零件的加工工艺。

2）掌握轴套类零件的编程技巧。

3）能对加工质量进行独立分析。

三、项目实施

任务一　制定零件的加工工艺

1. 分析零件图

如图6-1所示的零件属于典型的轴、套配合零件，该零件的轮廓较复杂，由零件1和零件2组成，零件的配合包括螺纹配合和圆锥配合。为了保证相互配合，必须有严格的尺寸要求，因此零件的加工精度比较高。零件1的重要径向尺寸有ϕ30mm圆锥面、$\phi(36\pm0.02)$mm圆柱段、$\phi46_{-0.025}^{0}$mm圆柱段和$\phi20_{0}^{+0.023}$mm内孔，其表面粗糙度都为$Ra1.6\mu m$，以及M27×2-6g三角形外螺纹；其余表面粗糙度均为$Ra=3.2\mu m$。零件2的重要径向尺寸有$\phi46_{-0.021}^{0}$mm圆柱段、以ϕ30mm为终止尺寸的内锥面（其表面粗糙度都为$Ra1.6\mu m$），以及M27×2-6g三角形内螺纹；其余表面粗糙度均为$Ra=3.2\mu m$。零件的轴向尺寸也应根据尺寸精度加以控制。

2. 确定装夹方案

使用自定心卡盘装夹零件的毛坯外圆，确定零件伸出合适的长度。零件的加工需调头，加工时左右两端互为基准，卡盘的限位安全距离为5mm。采用设计基准作为定位基准。

3. 选择刀具

刀具的选用见表6-1。

表6-1　刀　具　卡

序号	刀具号	刀具名称及规格	刀尖半径/mm	加工表面	备　注
1	—	中心钻	—	左端面	手动
2	—	ϕ18mm钻头	—	孔	手动
3	—	ϕ22mm钻头	—	孔	手动
4	T0101	93°菱形外圆车刀	0.2	外轮廓	—
5	T0202	切槽刀	$B=4$	退刀槽	左刀尖
6	T0303	60°外螺纹车刀	0.2	外螺纹	—
7	T0404	镗孔刀	0.1	孔	—
8	T0505	内螺纹车刀	0.2	内螺纹	—
9	T0606	切断刀	$B=2.5$	切断	左刀尖

4. 确定加工方案

先加工零件2外轮廓，再加工零件1，最后加工零件2内轮廓。

（1）零件2外轮廓

1）夹紧零件毛坯，伸出卡盘60mm。

2）钻毛坯孔ϕ22mm，深约50mm。

3）粗、精车零件外形轮廓至ϕ46mm×55mm处结束，利用外径千分尺保证尺寸精度。

4）切断ϕ46mm×46mm。

（2）零件1

1）夹紧零件毛坯，伸出卡盘80mm，加工零件右端。

2）粗车零件右端外形轮廓至 ϕ46mm×70mm 处结束。

3）精车零件右端外形轮廓，利用外径千分尺保证尺寸精度。

4）切槽至要求尺寸。

5）车削M27×2外螺纹至尺寸要求，利用螺纹千分尺保证其尺寸精度。

6）调头装夹，用铜皮包裹夹紧 ϕ36mm 外圆，保证长度，加工左端。

7）钻毛坯孔 ϕ18mm，深约25mm。

8）粗、精车内轮廓至尺寸要求，利用内径量表保证尺寸精度。

9）粗、精车零件外轮廓至尺寸要求，利用外径千分尺保证尺寸精度。

（3）零件2内轮廓

1）装夹 ϕ46mm×46mm 外圆。

2）粗、精车内轮廓至尺寸要求，与零件1配作内锥孔。

3）加工内螺纹，与零件1配作。

4）检测、校核。

5. 填写工序卡

按加工顺序将各工步内容、所用刀具编号、切削用量等加工信息填入数控加工工序卡，见表6-2。

表6-2　数控加工工序卡

数控加工工序卡		产品名称	零件图号		夹具名称		工序号
					自定心卡盘		01
工步号	工步内容	切削用量			刀具		备　注
		主轴转速 n /(r/min)	进给速度 f /(mm/r)	背吃刀量 a_p /mm	编号	名称	
	零件2						
1	钻中心孔	1200	—	—	—	—	手动
2	钻孔	450	—	—	—	—	手动
3	粗车工件外轮廓	600	0.3	2	T0101	外圆车刀	—
4	精车工件外轮廓	1000	0.1	0.5	T0101	外圆车刀	—
5	切断	300	—	—	T0606	切断刀	手动
	零件1						
6	粗车工件右端外轮廓	600	0.3	2	T0101	外圆车刀	—
7	精车工件右端外轮廓	1000	0.1	0.5	T0101	外圆车刀	—
8	切槽4mm×2mm	350	0.1	2	T0202	切槽刀	—
9	车削M27×2外螺纹	1000	—	—	T0303	外螺纹车刀	—
10	钻中心孔	1200	—	—	—	—	手动
11	钻孔	450	—	—	—	—	手动

（续）

数控加工工序卡		产品名称		零件图号		夹具名称		工序号
						自定心卡盘		01
工步号	工步内容	切削用量			刀具			备 注
		主轴转速 n /(r/min)	进给速度 f /(mm/r)	背吃刀量 a_p /mm	编号	名称		
12	粗车工件左端内孔	600	0.2	1	T0404	镗孔刀		—
13	精车工件左端内孔	1000	0.1	0.5	T0404	镗孔刀		—
14	粗车工件左端外轮廓	600	0.3	2	T0101	外圆车刀		—
15	精车工件左端外轮廓	1000	0.1	0.5	T0101	外圆车刀		—
	零件2							
16	粗车工件内轮廓	600	0.2	1	T0404	镗孔刀		—
17	精车工件内轮廓	1000	0.1	0.5	T0404	镗孔刀		—
18	车削 M27×2 内螺纹	1000	—	—	T0505	内螺纹车刀		—
19	检测、校核							
编制		审核		批准		共1页		第1页

任务二 编写数控加工程序

根据各加工工步的进给路线编写零件的加工程序，见表6-3。

表6-3 轴、套类零件数控加工程序单（1）

序号	01	零件图号		编程原点	安装后右端面的中心
程序号		数控系统	FANUC 0i Mate-TC	编制	

程序内容	简要说明
零件2外圆	
O0001	
N05 T0101;	换外圆车刀
N10 M03 S600;	
N15 G00 X55 Z5;	
N20 G71 U1.5 R1.5;	调用粗车循环
N25 G71 P30 Q40 U0.5 W0 F0.3;	
N30 G01 X46 F0.1;	
N35 Z-50;	
N40 X50;	
N45 G00 X100 Z100 M05;	
N50 M00;	
N55 M03 S1000;	
N60 G0 X55 Z5;	
N65 G70 P30 Q40;	调用精车循环
N70 G00 X100 Z100 M05;	
N75 M30;	程序结束

（续）

程序内容	简要说明
零件1右端	
O0002	
N10　T0101；	换外圆车刀
N15　M03　S600；	
N20　G00　X50　Z5；	
N25　G71　U1.5　R1.5；	调用粗车循环
N30　G71　P35　Q100　U0.5　W0　F0.3；	
N35　G01　X0　F0.1；	
N40　Z0；	
N45　G03　X20　Z-10　R10；	
N50　G01　Z-15；	
N55　X23.8；	
N60　X26.8　Z-16.5；	
N65　Z-39；	
N70　X32；	
N75　G03　X36　Z-41　R2；	
N80　G01　Z-62；	
N85　X43；	
N90　X46　Z-63.5；	
N95　Z-72；	
N100　X55；	
N105　G00　X100　Z100　M05；	
N110　M00；	
N115　M03　S1000；	设定精车转速
N120　G00　X55　Z5；	
N125　G70　P35　Q100；	调用精车循环
N130　G00　X100　Z100　M05；	
N135　M00；	
N140　T0202；	换切槽刀
N145　M03　S350；	
N150　G00　X40　Z-39；	
N155　G01　X22.8　F0.1；	
N160　X40　F0.5；	
N165　G00　X100　Z100　M05	
N170　M00；	
N175　T0303；	换外螺纹车刀
N180　M03　S1000；	
N185　G00　X30　Z5；	
N190　Z-13；	
N195　G92　X26.3　Z-37　F2；	调用螺纹循环

（续）

程序内容	简要说明
N200 X25.9；	
N205 X25.5；	
N210 X25.1；	
N215 X24.7；	
N220 X24.4；	
N225 X24.32；	
N230 G00 X100 Z100 M05；	
N235 M30；	程序结束
零件1左端	
O0003	
N05 T0101；	换外圆车刀
N10 M03 S600；	
N15 G00 X55 Z5；	
N20 G71 U1.5 R1.5；	调用粗车循环
N25 G71 P30 Q55 U0.5 W0 F0.3；	
N30 G1 X30 F0.1；	
N35 Z0；	
N40 X34.291 Z-24.524；	
N45 G02 X46 Z-30 R6；	
N50 G01 Z-31；	
N55 X55；	
N60 G00 X100 Z100 M05；	
N65 M00；	
N70 M03 S1000；	
N75 G00 X55 Z5；	
N80 G70 P30 Q55；	调用精车循环
N85 G00 X100 Z100 M05；	
N90 M30；	程序结束
零件1内孔	
O0004	
N05 T0404；	换镗孔刀
N10 M03 S600；	
N15 G00 X19 Z5；	
N20 G71 U1 R1；	调用粗车循环
N25 G71 P30 Q50 U-0.3 W0 F0.2；	
N30 G01 X23 F0.1；	
N35 Z0；	
N40 X20 Z-1.5；	
N45 Z-22；	
N50 X19；	

（续）

程序内容	简要说明
N55　G00　Z100　M05；	
N60　X100；	
N65　M00；	
N70　M03　S1000；	
N75　G00　X19　Z5；	
N80　G70　P30　Q50；	调用精车循环
N85　G00　Z100　M05；	
N90　X100；	
N95　M30；	程序结束
零件 2 内孔	
O0005	
N05　T0404；	换镗孔刀
N10　M03　S600；	
N15　G00　X22　Z5；	
N20　G71　U1　R1；	调用粗车循环
N25　G71　P30　Q60　U－0.3　W0　F0.2；	
N30　G01　X46　F0.1；	
N35　Z0；	
N40　G02　X34.291　Z－5.476；	
N45　G01　X30　Z－30；	
N50　X25；	
N55　Z－48；	
N60　X22；	
N65　G00　Z100　M05；	
N70　X100；	
N75　M00；	
N80　M03　S1000；	
N85　G00　X22　Z5；	
N90　G70　P30　Q60；	调用精车循环
N95　G00　Z100　M05；	
N100　X100；	
N105　M00；	
N110　T0505；	换内螺纹车刀
N115　M03　S1000；	设定转速
N120　G00　X22　Z5；	
N125　Z－28；	
N130　G92　X25.5　Z－48；	调用螺纹循环
N135　X25.9；	
N140　X26.3；	
N145　X26.6；	
N150　X26.9；	

（续）

程序内容	简要说明
N155 X27；	
N160 X27；	
N165 G00 Z100 M05；	
N170 X100；	
N175 M30；	程序结束

任务三 仿真加工零件

1）打开仿真软件、开机。

2）选择面板、车床各轴回零。

3）选择及安装刀具、设置毛坯。

4）对刀。

5）输入程序。

6）程序校验。

7）自动运行仿真加工。

8）测量工件、优化程序。

任务四 加工和检测零件

1. 加工准备

1）检查坯料尺寸。

2）开机，回零。

3）输入程序。

4）装夹工件。

5）装夹刀具。

2. 对刀设置

所有刀具应依次采用试切法对刀，对通过对刀操作得到的零偏置分别输入各自的长度补偿中。其中，切槽刀以左刀尖为刀位点，螺纹车刀以刀尖为刀位点。

3. 空运行及仿真

对输入的程序进行空运行或轨迹仿真，检测程序是否正确。

4. 自动加工及尺寸控制

（1）零件的自动加工　选择自动加工模式，打开程序，调好进给倍率，按下循环启动按钮进行加工。

（2）零件加工过程中的尺寸控制　外圆、长度及螺纹尺寸的控制可通过修改刀具磨损量的方法实现。配合件的相关尺寸通过配作来保证。

5. 检测零件与评分

在零件加工结束后进行检测，对其进行误差与质量分析，见表6-4。

表 6-4　数控车床编程与操作考核表

班级		姓名		学号		日期
项目名称		轴、套类零件的车削(1)		序号	01	
基本检查		序号	检 测 项 目	配分	学生自评	教师评分
	编程	1	切削加工工艺制订正确	2		
		2	切削用量选用合理	2		
		3	程序正确、简单、明确且规范	2		
	操作	4	设备操作、维护保养正确	2		
		5	刀具选择、安装正确、规范	2		
		6	工件找正、安装正确、规范	2		
		7	安全文明生产	2		
工作态度		8	行为规范、纪律良好	2		
零件 1	外圆	9	$\phi 30$mm	3		
		10	$\phi(36\pm0.02)$mm，$Ra1.6\mu m$	4/2		
		11	$\phi 46_{-0.025}^{0}$mm，$Ra1.6\mu m$	4/2		
	圆弧	12	$R2$mm	2		
		13	$R6$mm	2		
		14	$R10$mm	2		
	锥度	15	10°	4		
	退刀槽	16	4mm × 2mm	2		
	外螺纹	17	M27 × 2-6g	4/2		
	内孔	18	$\phi 20_{0}^{+0.023}$mm，$Ra1.6\mu m$	4/2		
	长度	19	5mm	2		
		20	22mm	2		
		21	23mm	2		
		22	24mm	2		
		23	30mm	2		
		24	(99 ± 0.05)mm	3		
	倒角	25	$C1.5$(三处)	3		
零件 2	外圆	26	$\phi 46_{-0.021}^{0}$mm，$Ra1.6\mu m$	4/2		
	内螺纹	27	M27 × 2-6g	4/2		
	圆弧	28	$R6$	2		
	长度	29	16mm	2		
		30	46mm	2		
	倒角	31	$C1.5$	1		
配合		32	圆锥配合	5		
		33	螺纹配合	5		
			综合得分	100		

四、项目总结

加工配合件时，车削内、外圆锥面和内、外螺纹的关键有两点：一是加工工艺要合理；二是在加工过程中，要控制好尺寸精度和几何精度。影响配合精度的因素主要有内、外圆的尺寸加工误差，内、外圆锥的锥度误差，内、外螺纹的大径、中径、小径及牙型角误差，表面粗糙度，各外圆、内孔之间的同轴度误差等。只有将这些误差控制在允许范围内，才能顺利地进行配合，达到配合效果。

思考与练习

1. 车削轴类零件时，车刀的哪些问题会使表面粗糙度值达不到要求？

2. 车削轴类零件时，工件有哪些常用的装夹方法？它们各有什么特点？分别适用于何种场合？

3. 编写如图 6-2 所示零件的数控加工程序并进行加工练习。已知材料为 45 钢，毛坯尺寸为 ϕ50mm × 150mm。

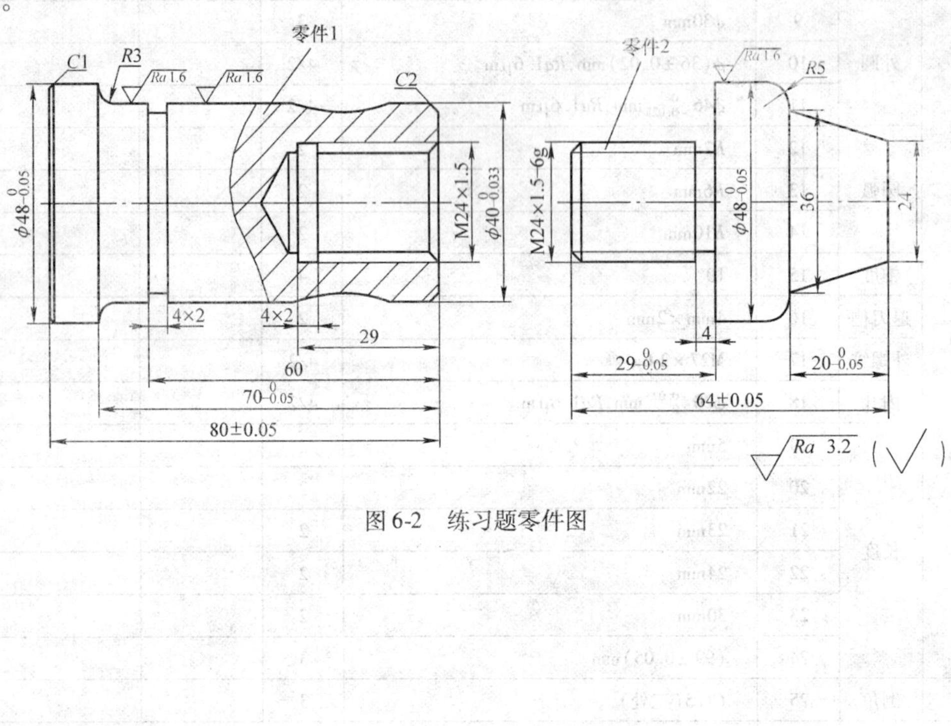

图 6-2 练习题零件图

项目七　轴、套类零件的车削（2）

一、项目描述

本项目的待加工零件为轴、套类零件，如图 7-1 所示。已知毛坯的规格为 ϕ50mm × 125mm，材料为 45 钢。要求制订零件的加工工艺；编写数控加工程序；通过数控仿真加工调试，优化程序；最后进行零件的加工和检测。

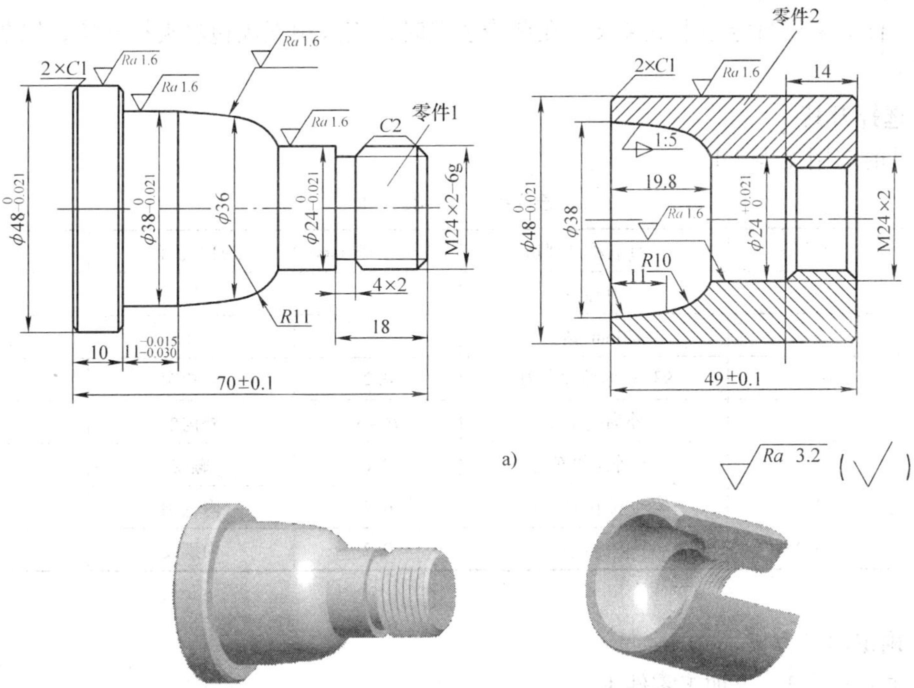

图 7-1　轴、套类零件车削练习件

a）零件图　b）实体图

二、项目教学目标

1）会制订配合件的数控车削加工工艺。

2）掌握配合件的加工方法。

3）合理选择切削用量。

三、项目实施

任务一　制订零件的加工工艺

1. 分析零件图

如图 7-1 所示的零件为配合件，由零件 1 和零件 2 组成。零件 1 由外圆、圆弧面及外螺纹等组成，其主要尺寸有 $\phi48_{-0.021}^{\ 0}$ mm、$\phi38_{-0.021}^{\ 0}$ mm、$\phi24_{-0.021}^{\ 0}$ mm（表面粗糙度都为 $Ra1.6\mu m$），以及螺纹 M24×2-6g。零件 2 主要由内圆弧、内孔、内螺纹组成，主要尺寸有内孔 $\phi24_{\ 0}^{+0.021}$ mm（表面粗糙度为 $Ra1.6\mu m$），以及内螺纹 M24×2。

2. 确定装夹方案

此工件应采用自定心卡盘装夹。在调头装夹时，应采用铜皮包裹夹持部位，以防卡爪夹伤表面。

3. 选择刀具

刀具的选用见表 7-1。

表 7-1　刀　具　卡

序号	刀具号	刀具名称及规格	刀尖半径/mm	加工表面	备　注
1	—	中心钻	—	左端面	手动
2	—	ϕ20mm 钻头	—	孔	手动
3	T0101	93°菱形外圆车刀	0.2	外轮廓	—
4	T0202	外沟槽车刀	$B=4$	外沟槽	—
5	T0303	60°外螺纹车刀	0.2	螺纹	—
6	T0404	镗孔刀	0.2	内轮廓	—
7	T0505	60°内螺纹车刀	0.2	内螺纹	—

4. 确定加工方案

先加工零件 2，再加工零件 1。

（1）零件 2

1）夹紧零件毛坯，加工零件 2 的右端面及外圆。

2）粗、精加工 $\phi48_{-0.021}^{\ 0}$ mm 至尺寸要求。

3）切断，留总长余量。

（2）零件 1

1）夹紧零件毛坯，加工零件 1 外轮廓。

2）粗、精车零件 1 各外圆至尺寸要求，利用外径千分尺保证尺寸精度。

3）车削退刀槽。

4）车削外螺纹至尺寸要求，利用螺纹千分尺保证其尺寸精度。

5）调头，保证总长(70±0.1)mm。

6）车削左端面，倒角。

（3）零件2

1）用铜皮包裹夹持零件2的 $\phi48\,_{-0.021}^{\ 0}$ mm外圆，保证总长，倒角。

2）镗孔，加工内孔 $\phi24\,_{\ 0}^{+0.021}$ mm至尺寸要求，利用内径量表保证尺寸精度。

3）车削内螺纹，与零件1外螺纹配作。

5. 填写工序卡

按加工顺序将各工步内容、所用刀具编号、切削用量等加工信息填入数控加工工序卡，见表7-2。

表7-2　数控加工工序卡

数控加工工序卡		产品名称		零件图号	夹具名称		工序号
					自定心卡盘		01
工步号	工步内容	切削用量			刀具		备　注
		主轴转速 n /(r/min)	进给速度 f /(mm/r)	背吃刀量 a_p /mm	编号	名称	
零件2							
1	粗车工件外轮廓	600	0.3	2	T0101	外圆车刀	—
2	精车工件外轮廓	1000	0.1	0.5	T0101	外圆车刀	—
3	切断	350	—	—	—	—	手动
零件1							
4	粗车工件各外圆	600	0.3	2	T0101	外圆车刀	—
5	精车工件各外圆	1000	0.1	0.5	T0101	外圆车刀	—
6	车削退刀槽	350	0.1	2	T0202	外沟槽车刀	—
7	车削M24×2外螺纹	1000	—	—	T0303	外螺纹车刀	—
8	调头装夹、铜皮包裹	—	—	—	—	—	手动
9	车削左端面	800	0.25	2	T0101	外圆车刀	手动
零件2							
10	粗、精车内轮廓	600	0.1	2	T0404	镗孔刀	
11	车削M24×2内螺纹	1000	—	—	T0505	内螺纹车刀	
编制	审核			批准		共1页	第1页

任务二　编写数控加工程序

根据各加工工步的进给路线，编写零件的数控加工程序，见表7-3。

表7-3　轴、套类零件数控加工程序单（2）

序号	01	零件图号		编程原点	安装后右端面的中心
程序号		数控系统	FANUC 0i Mate-TC	编制	

程 序 内 容	简 要 说 明
零件2外圆	
O0001	
N10　T0101　M03　S600；	换外圆车刀
N15　G00　X50　Z5；	

（续）

程序内容	简要说明
N20 G71 U2 R1；	调用粗车循环
N25 G71 P30 Q45 U0.5 W0 F0.3；	
N30 G01 X46 Z0 F0.1；	
N35 X48 Z－1；	
N40 Z－53；	
N45 X50；	
N50 G00 X100 Z100 M05；	
N55 M00；	
N60 M03 S1000；	
N65 G00 X50 Z5；	
N70 G70 P30 Q45；	调用精车循环
N75 G00 X100 Z100 M05；	
N80 M30；	程序结束
零件1	
O0002	
N10 T0101 M03 S600；	调用外圆车刀
N15 G00 X50 Z5；	
N20 G71 U2 R1；	调用粗车循环
N25 G71 P30 Q85 U0.5 W0.1 F0.3；	
N30 G01 X20 Z0 F0.1；	
N35 X23.8 Z－2；	
N40 Z－18；	
N45 X24；	
N50 Z－29.2；	
N55 G03 X36 Z－38 R11；	
N60 G01 X38 Z－49；	
N65 Z－60；	
N70 X46；	
N75 X48 Z－61；	
N80 Z－74；	
N85 X50；	
N90 G00 X100 Z100 M05；	
N95 M00；	
N100 M03 S1000；	
N105 G00 X50 Z5；	
N110 G70 P30 Q85；	调用精车循环
N115 G00 X100 Z100 M05；	
N120 T0202 M03 S350；	调用外沟槽车刀
N125 G00 X26 Z－18；	
N130 G01 X20 F0.1；	

（续）

程序内容	简要说明
N135　G01　X26　F0.5；	
N140　G00　X100　Z100　M05；	
N145　M00；	
N150　T0303　M03　S1000；	调用外螺纹车刀
N155　G00　X26　Z5；	
N160　G92　X23.3　Z－16　F2；	调用螺纹切削循环
N165　X23.9；	
N170　X23.5；	
N175　X23.2；	
N180　X22.9；	
N185　X22.8；	
N190　G00　X100　Z100　M05；	
N195　M30；	程序结束
零件 2 内轮廓	
O0003	
N10　T0404　M03　S600；	换镗孔刀
N15　G00　X16　Z5；	
N20　G71　U1　R1；	调用粗车循环
N25　G71　P30　Q55　U－0.3　W0　F0.2；	
N30　G01　X38　Z0　F0.1；	
N35　G03　X24　Z－19.8　R10；	
N40　G01　Z－35；	
N45　X22　Z－37；	
N50　Z－50；	
N55　X18；	
N60　G00　Z100　M05；	
N65　X100；	
N70　M00；	
N75　M03　S1000；	
N80　G00　X16　Z5；	
N85　G70　P30　Q55；	调用精车循环
N90　G00　Z100　M05；	
N95　X100；	
N100　M00；	
N105　T0505　M03　S1000；	换内螺纹车刀
N110　G0　X20　Z5；	
N115　G92　X22.5　Z－16　F2；	调用螺纹切削循环
N120　X22.9；	
N125　X23.3；	
N130　X23.6；	

（续）

程序内容	简要说明
N135 X24.1;	
N140 X24.3;	
N145 X24.48;	
N150 G00 Z100 M05;	
N155 X100;	
N160 M30;	程序结束

任务三　仿真加工零件

1）打开仿真软件、开机。
2）选择面板、车床各轴回零。
3）选择及安装刀具、设置毛坯。
4）对刀。
5）输入程序。
6）程序校验。
7）自动运行仿真加工。
8）测量工件、优化程序。

任务四　加工和检测零件

1. 加工准备

1）检查坯料尺寸。
2）开机，回零。
3）输入程序。
4）装夹工件。
5）装夹刀具。

2. 对刀设置

所有刀具应依次采用试切法对刀，把通过对刀操作得到的零偏置分别输入各自的长度补偿中。其中，切槽刀以左刀尖为刀位点，螺纹车刀以刀尖为刀位点。

3. 空运行及仿真

对输入的程序进行空运行或轨迹仿真，检测程序是否正确。

4. 自动加工及尺寸控制

（1）零件的自动加工　选择自动加工模式，打开程序，调好进给倍率，按下循环启动按钮进行加工。

（2）零件加工过程中的尺寸控制　外圆、内孔、长度及螺纹尺寸的控制可通过修改刀具磨损量的方法实现。相关配合面需经配作来保证尺寸精度。

5. 检测零件与评分

在零件加工结束后进行检测，对其进行误差与质量分析，并将结果填入表7-4。

表7-4　数控车床编程与操作考核表

班级		姓名		学号		日期
项目名称		轴、套类零件的车削(2)			序号	01
基本检查		序号	检 测 项 目	配分	学生自评	教师评分
基本检查	编程	1	切削加工工艺制订正确	2		
		2	切削用量选用合理	2		
		3	程序正确、简单、明确且规范	2		
	操作	4	设备操作、维护保养正确	2		
		5	刀具选择、安装正确、规范	2		
		6	工件找正、安装正确、规范	2		
		7	安全文明生产	2		
工作态度		8	行为规范、纪律良好	2		
零件1	外圆	9	$\phi24_{-0.021}^{0}$ mm, $Ra1.6\mu m$	4/2		
		10	$\phi38_{-0.021}^{0}$ mm, $Ra1.6\mu m$	4/2		
		11	$\phi48_{-0.021}^{0}$ mm, $Ra1.6\mu m$	4/2		
	圆弧	12	$R11$mm, $Ra1.6\mu m$	3/2		
	退刀槽	13	4mm × 2mm	2		
	外螺纹	14	M24 × 2-6g	5/2		
	长度	15	10mm	1		
		16	$11_{-0.030}^{-0.015}$ mm	3		
		17	18mm	1		
		18	(70 ± 0.1) mm	2		
	倒角	19	$C1$(两处)	2		
		20	$C2$(两处)	2		
零件2	外圆	21	$\phi48_{-0.021}^{0}$ mm, $Ra1.6\mu m$	4/2		
	内孔	22	$\phi24_{0}^{+0.021}$ mm, $Ra1.6\mu m$	5/2		
	内螺纹	23	M24 × 2	5/2		
	圆弧	24	$R10$mm, $Ra1.6\mu m$	3/2		
	长度	25	11mm	1		
		26	14mm	1		
		27	(49 ± 0.1) mm	2		
	倒角	28	$C1$(两处)	2		
配合		29	圆锥配合	5		
		30	螺纹配合	5		
			综合得分	100		

四、项目总结

该项目中的零件是一个组合件，两零件的形状并不复杂，但要达到加工后的配合要求，则两组合零件的尺寸精度就较高。例如，直径方面的公差都在0.02mm以内；虽然图样上没有标注同轴度要求，但两零件配合面处的同轴度误差必须控制在0.01mm以内；零件2左端面与内孔轴线的垂直度误差必须控制在0.02mm以内，才能保证配合要求。

思考与练习

1. 在加工过程中，当切屑缠绕过多时应如何处理？

2. 如何进行机床的空运行操作？如何进行机床的锁住试运行操作？两种试运行操作有什么不同？

3. 编写如图7-2所示零件的数控加工程序并进行加工练习。已知材料为45钢，毛坯尺寸为 ϕ60mm × 125mm、ϕ60mm × 65mm。

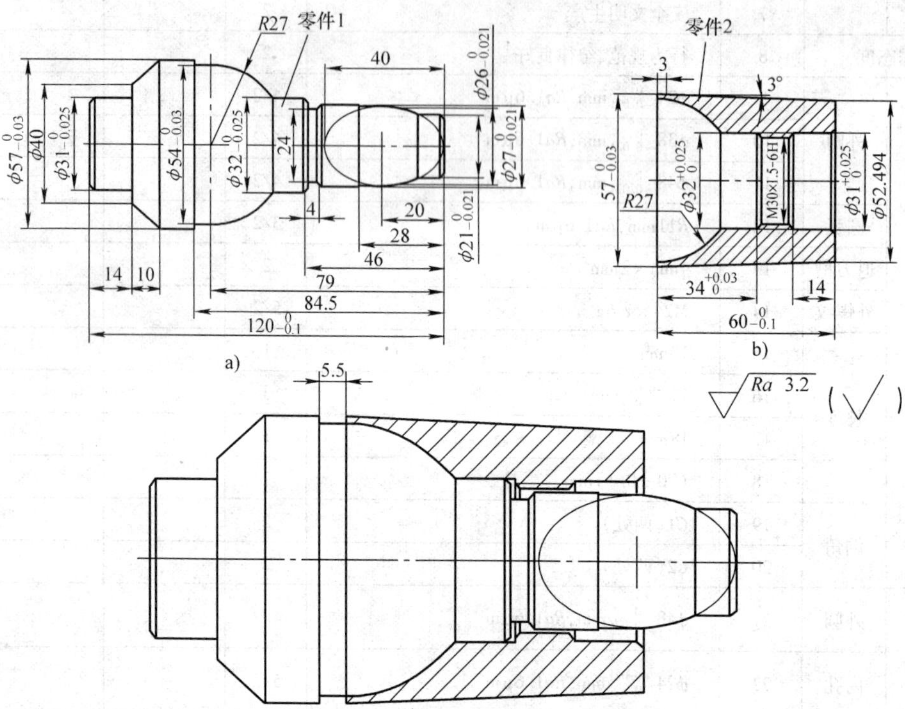

图7-2 练习题零件图

a）零件1 b）零件2 c）装配图

项目八　轴、套类零件的车削（3）

一、项目描述

本项目的待加工零件为轴、套类零件，如图 8-1 所示。已知毛坯规格为 ϕ50mm × 160mm，材料为 45 钢。要求制订零件的加工工艺；编写数控加工程序；通过数控仿真加工调试，优化程序；最后进行零件的加工和检测。

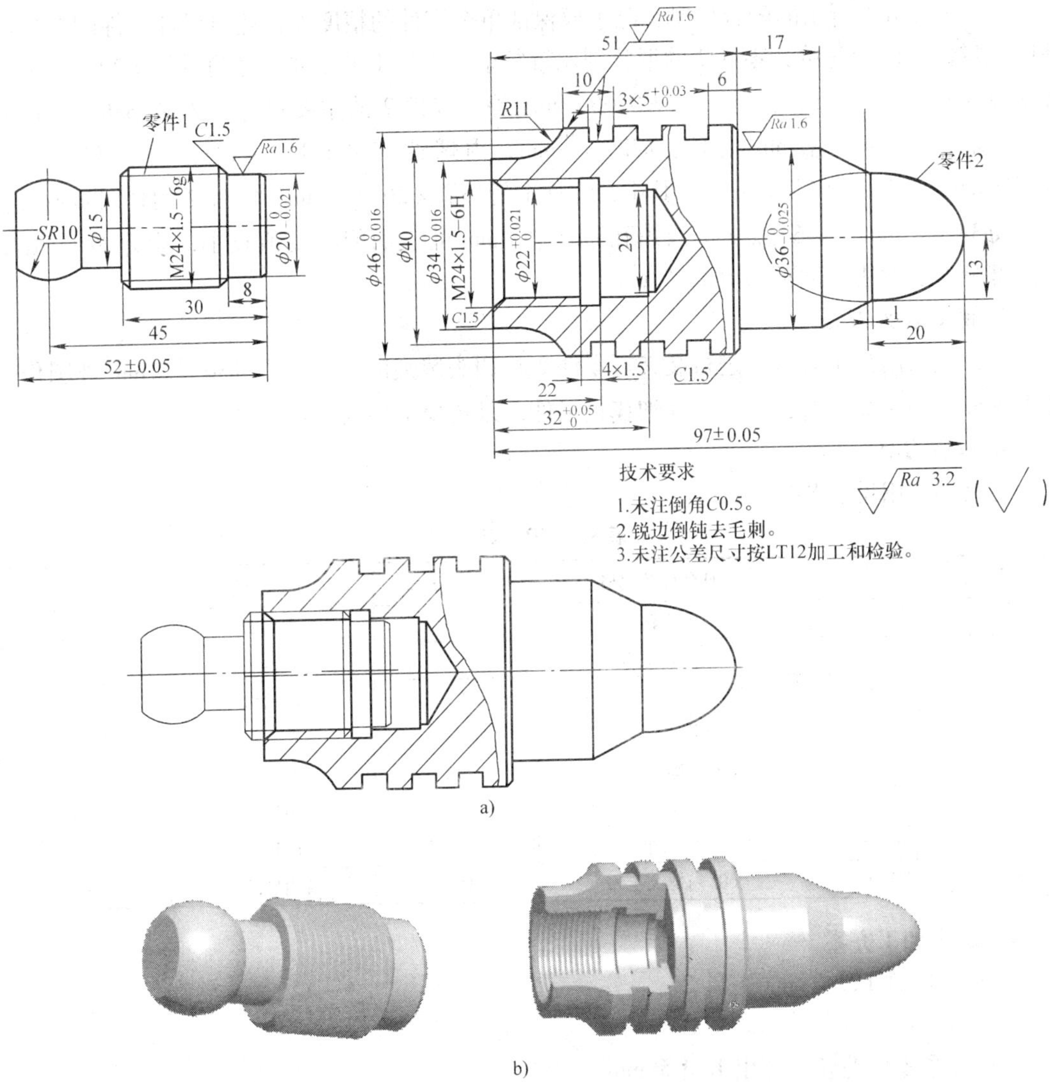

图 8-1　轴、套类零件车削练习件

a）零件图　b）实体图

二、项目教学目标

1）巩固椭圆的程序编写方法。

2）能够对复杂的轴类零件进行数控车削工艺分析。

3）能够对加工质量进行独立分析。

三、项目实施

任务一 制定零件的加工工艺

1. 分析零件图

加工如图 8-1 所示的配合件时，除了要保证单个零件的精度外，还要保证工件配合后的精度。零件 1 比较简单，零件 2 的形状则比较复杂。零件 1 的主要尺寸有外圆 $\phi20^{\ 0}_{-0.021}$mm、外螺纹 M24×1.5－6g、长度（52±0.05）mm 等。零件 2 的主要尺寸有外圆 $\phi36^{\ 0}_{-0.025}$mm、$\phi34^{\ 0}_{-0.016}$mm、$\phi46^{\ 0}_{-0.016}$mm，内孔 $\phi22^{+0.021}_{\ 0}$ mm，内螺纹 M24×1.5－6H，长度 $5^{+0.03}_{\ 0}$ mm、$32^{+0.05}_{\ 0}$mm、（97±0.05）mm 等。其中，零件 1 的外圆 $\phi20^{\ 0}_{-0.021}$mm，零件 2 的外圆 $\phi36^{\ 0}_{-0.025}$mm、$\phi34^{\ 0}_{-0.016}$mm、$\phi46^{\ 0}_{-0.016}$mm 及内孔 $\phi22^{+0.021}_{\ 0}$ mm 的表面粗糙度值较小，均为 $Ra1.6\mu m$，其余部分的表面粗糙度都为 $Ra3.2\mu m$。

2. 确定装夹方案

工件应采用自定心卡盘进行装夹。零件 2 在调头装夹时，宜选择 $\phi36^{\ 0}_{-0.025}$mm 外圆作为装夹表面。调头加工时，一定要仔细找正工件，以减少工件的位置误差。

3. 选择刀具

刀具的选用见表 8-1。

表 8-1 刀 具 卡

序号	刀具号	刀具名称及规格	刀尖半径 R/mm	加工表面	备 注
1	—	中心钻	—	左端面	手动
2	—	ϕ20mm 钻头	—	孔	手动
3	T0101	93°菱形外圆车刀	0.2	外轮廓	—
4	T0202	外沟槽车刀	B=4	外沟槽	—
5	T0303	60°外螺纹车刀	0.2	外螺纹	—
6	T0404	镗孔刀	0.2	内轮廓	—
7	T0505	内沟槽车刀	B=2.5	内沟槽	—
8	T0606	60°内螺纹车刀	0.2	内螺纹	—

4. 确定加工方案

先加工零件 1，再加工零件 2。

（1）零件 1

1）夹紧零件毛坯，伸出卡盘 56mm。

2）粗、精加工各外圆至尺寸要求，利用外径千分尺保证尺寸精度。

3）车削 ϕ15mm×8.36mm 外圆。

4）车削外螺纹 M24×1.5 至尺寸要求，利用螺纹千分尺保证其尺寸精度。

5）粗、精加工 *SR*10mm。

6）切断，保证长度 25mm。

（2）零件 2

1）夹紧零件毛坯，伸出卡盘 57mm，加工零件 2 右端。

2）粗、精车零件右端至 ϕ46mm×47.5mm 处，利用外径千分尺保证尺寸精度。

3）调头装夹 $\phi 36_{-0.025}^{\ 0}$mm 外圆，粗、精加工零件 2 左端。

4）车削 ϕ40×5 外槽。

5）粗、精加工左端内孔至尺寸要求，利用内径量表保证尺寸精度。

6）车削 4mm×1.5mm 内沟槽。

7）车削 M24×1.5 内螺纹，与零件 1 配作。

5. 填写工序卡

按加工顺序将各工步内容、所用刀具编号、切削用量等加工信息填入数控加工工序卡，见表 8-2。

表 8-2　数控加工工序卡

数控加工工序卡		产品名称		零件图号	夹具名称		工序号
					自定心卡盘		01
工步号	工步内容	切削用量			刀具		备　注
		主轴转速 n /(r/min)	进给速度 f /(mm/r)	背吃刀量 a_p /mm	编号	名称	
	零件 1						
1	粗车外轮廓	600	0.3	2	T0101	外圆车刀	—
2	精车外轮廓	1000	0.1	0.5	T0101	外圆车刀	—
3	车削 ϕ15mm×8.36mm 外圆	350	0.1	2	T0202	外沟槽车刀	—
4	车削外螺纹 M24×1.5	1000	—	—	T0303	外螺纹车刀	—
5	粗车 *SR*10mm 圆弧	600	0.3	2	T0101	外圆车刀	—
6	精车 *SR*10mm 圆弧	1000	0.1	0.5	T0101	外圆车刀	—
7	切断	350	—	—	—	—	手动
	零件 2						
8	粗车右端外轮廓	600	0.3	2	T0101	外圆车刀	—
9	精车右端外轮廓	1000	0.1	0.5	T0101	外圆车刀	—
10	调头,粗车左端外轮廓	600	0.3	2	T0101	外圆车刀	—
11	精车左端外轮廓	1000	0.1	0.5	T0101	外圆车刀	—
12	车削 ϕ40×5 外槽	350	0.1	2	T0202	外沟槽车刀	—
13	粗车工件内轮廓	600	0.2	1	T0404	镗孔刀	—
14	精车工件内轮廓	1000	0.1	0.5	T0404	镗孔刀	—
15	车削 4mm×1.5mm 内沟槽	350	0.05	2	T0505	内沟槽车刀	—
16	车削 M24×1.5 内螺纹	1000	—	—	T0606	内螺纹车刀	—
编制		审核		批准		共 1 页	第 1 页

任务二 编写数控加工程序

根据各加工工步的进给路线，编写零件的数控加工程序，见表8-3。

表8-3 轴、套类零件数控加工程序单（3）

序号	01	零件图号		编程原点	安装后右端面的中心
程序号		数控系统	FANUC 0i Mate-TC	编制	

程序内容	简要说明
零件1	
O0001	
N10 T0101；	换外圆车刀
N15 M03 S600；	
N20 G0 X55 Z5；	
N25 G71 U1.5 R1.5；	调用粗车循环
N30 G71 P35 Q70 U0.5 W0 F0.3；	
N35 G01 X18 F0.1；	
N40 Z0；	
N45 X20 Z-1；	
N50 Z-8；	
N55 X20；	
N60 X23.8 Z-9.5；	
N65 Z-56；	
N70 X50；	
N75 G0 X100 Z100 M05；	
N80 M00；	
N85 M03 S1000；	
N90 G00 X55 Z5；	
N95 G70 P35 Q70；	调用精车循环
N100 G00 X100 Z100 M05；	
N105 M00；	
N110 T0202 M03 S350；	换外沟槽车刀
N115 G00 X25 Z-38.386；	
N120 G01 X15.2 F0.1；	
N125 G00 X25；	
N130 Z-34.386；	
N135 G01 X15.2；	
N140 G00 X25；	

（续）

程序内容	简要说明
N145　Z－34；	
N150　G01　X15；	
N155　Z－38.386；	
N160　G00　X25；	
N165　G00　X100　Z100　M05；	
N170　M00；	
N175　T0303　M03　S1000；	换外螺纹车刀
N180　G00　X26　Z－3；	
N185　G76　P010160　Q80　R0.1；	调用螺纹复合循环车削外螺纹
N190　G76　X22.14　Z－31　0　P930　Q350　F1.5；	
N195　G00　X100　Z100　M05；	
N200　M00；	
N205　T0101　M03　S600；	换外圆车刀
N210　G00　X25　Z－36；	
N215　G73　U6　R3；	调用仿形循环车削 *SR*10mm 圆球
N220　G73　P225　Q245　U0.5　W0.1　F0.3；	
N225　G01　X15　Z－37　F0.1；	
N230　Z－38.386；	
N235　G03　X15　Z－52　R10；	
N240　G01　Z－56；	
N245　X25；	
N250　G00　X100　Z100　M05；	
N255　M00；	
N260　M03　S1000；	
N265　G00　G42　X25　Z－36；	
N270　G70　P225　Q245；	调用精车循环
N275　G00　G40　X100；	
N280　Z100　M05；	
N285　M30；	程序结束
零件 2 右端	
O0003	
N05　T0101；	换外圆车刀
N10　M03　S600；	
N15　G00　X50　Z5；	
N20　G73　U25　R25；	调用仿形循环
N25　G73　P30　Q90　U0.5　W0　F0.15；	

（续）

程序内容	简要说明
N30 G00 X-1;	
N35 G01 Z0 F0.1;	
N40 #1=20;	加工椭圆轮廓
N45 WHILE #1 GE[1] DO1;	
N50 #2=1.3*SQRT[400-#1*#1];	
N55 G1 X[#2] Z[#1-20];	
N60 #1=#1-0.2;	
N65 END1;	
N70 G01 X36 Z-29;	
N75 Z-46;	
N80 X43;	
N85 X46 Z-47.5;	
N90 X50;	
N95 G00 X100 Z100 M05;	
N100 M00;	
N105 M03 S1000;	
N110 G00 X50 Z5;	
N115 G70 P30 Q90;	调用精车循环
N120 G00 X100 Z100 M05;	
N125 M30;	程序结束
零件2左端	
O0003	
N05 T0101 M03 S600;	换外圆车刀
N10 G00 X55 Z5;	
N15 G71 U1.5 R1.5;	调用粗车循环
N20 G71 P25 Q40 U0.5 W0.1 F0.3;	
N25 G01 X34 F0.1;	
N30 Z-5.202;	
N35 G02 X46 Z-15 R11;	
N40 G01 Z-46;	
N45 G00 X100 Z100 M05;	
N50 M00;	
N55 M03 S1000;	
N60 G00 X55 Z5;	
N65 G70 P25 Q40;	调用精车循环
N70 G00 X100 Z100 M05;	

（续）

程 序 内 容	简 要 说 明
N75 M00;	
N80 T0202 M03 S350;	换外沟槽车刀
N85 G00 X48 Z-24;	
N90 G01 X40 F0.1;	
N95 G00 X48;	
N100 Z-25;	
N105 G01 X40;	
N110 G00 X48;	
N115 Z-34;	
N120 G01 X40;	
N125 G00 X48;	
N130 Z-35;	
N135 G01 X40;	
N140 G00 X48;	
N145 Z-44;	
N150 G01 X40;	
N155 G00 X48;	
N160 Z-45;	
N165 G01 X40;	
N170 G00 X100;	
N175 Z100 M05;	
N180 M00;	
N185 T0404 M3 S600;	换镗孔刀
N190 G00 X20 Z2;	
N195 G71 U1 R1;	调用粗车循环
N200 G71 P205 Q235 U-0.3 W0.1 F0.2;	
N205 G01 X24;	
N210 Z0;	
N215 X22.5 Z-2;	
N220 Z-22;	
N225 X22;	
N230 Z-32;	
N235 X20;	
N240 G00 Z100;	
N245 X100 M05;	
N250 M00;	

（续）

程序内容	简要说明
N255 M03 S1000；	
N260 G70 P205 Q235；	调用精车循环
N265 G00 Z100 M05；	
N270 M00；	
N275 T0505 M03 S350；	换内沟槽车刀
N280 G00 X20 Z5；	
N285 Z－22；	
N290 G01 X25 F0.05；	
N295 X21；	
N300 G00 Z100；	
N305 X100 M05；	
N310 M00；	
N315 T0606 M03 S1000；	换内螺纹车刀
N320 G00 X20 Z3；	
N325 G76 P010160 Q80 R0.1；	调用螺纹复合循环加工内螺纹
N330 G76 X24.05 Z－19 R0 P930 Q35 F1.5；	
N335 G00 Z100；	
N340 X100 M05；	
N345 M30；	程序结束

任务三　仿真加工零件

1）打开仿真软件、开机。
2）选择面板、车床各轴回零。
3）选择及安装刀具、设置毛坯。
4）对刀。
5）输入程序。
6）程序校验。
7）自动运行仿真加工。
8）测量工件、优化程序。

任务四　加工和检测零件

1. 加工准备

1）检查坯料尺寸。
2）开机，回零。
3）输入程序。
4）装夹工件。

5）装夹刀具。

2. 对刀设置

所有刀具应依次采用试切法对刀，把通过对刀操作得到的零偏置分别输入各自的长度补偿中。其中，切槽刀以左刀尖为刀位点，螺纹车刀以刀尖为刀位点。

3. 空运行及仿真

对输入的程序进行空运行或轨迹仿真，检测程序是否正确。

4. 自动加工及尺寸控制

（1）零件的自动加工　选择自动加工模式，打开程序，调好进给倍率，按下循环启动按钮进行加工。

（2）零件加工过程中的尺寸控制　外圆、内孔、长度及螺纹尺寸的控制可通过修改刀具磨损量的方法实现。相关配合面可利用配作保证尺寸精度。

5. 检测零件与评分

在零件加工结束后进行检测，对其进行误差与质量分析，并将结果填入表8-4。

表8-4　数控车床编程与操作考核表

<table>
<tr><td>班级</td><td colspan="2"></td><td>姓名</td><td></td><td>学号</td><td></td><td>日期</td><td></td></tr>
<tr><td>项目名称</td><td colspan="5">轴、套类零件的车削（3）</td><td>序号</td><td colspan="2">01</td></tr>
<tr><td rowspan="8">基本检查</td><td rowspan="4">编程</td><td>序号</td><td colspan="2">检测项目</td><td>配分</td><td>学生自评</td><td colspan="2">教师评分</td></tr>
<tr><td>1</td><td colspan="2">切削加工工艺制订正确</td><td>2</td><td></td><td colspan="2"></td></tr>
<tr><td>2</td><td colspan="2">切削用量选用合理</td><td>2</td><td></td><td colspan="2"></td></tr>
<tr><td>3</td><td colspan="2">程序正确、简单、明确且规范</td><td>2</td><td></td><td colspan="2"></td></tr>
<tr><td rowspan="4">操作</td><td>4</td><td colspan="2">设备操作、维护保养正确</td><td>2</td><td></td><td colspan="2"></td></tr>
<tr><td>5</td><td colspan="2">刀具选择、安装正确、规范</td><td>2</td><td></td><td colspan="2"></td></tr>
<tr><td>6</td><td colspan="2">工件找正、安装正确、规范</td><td>2</td><td></td><td colspan="2"></td></tr>
<tr><td>7</td><td colspan="2">安全文明生产</td><td>2</td><td></td><td colspan="2"></td></tr>
<tr><td colspan="2">工作态度</td><td>8</td><td colspan="2">行为规范、纪律良好</td><td>2</td><td></td><td colspan="2"></td></tr>
<tr><td rowspan="9">零件1</td><td rowspan="2">外圆</td><td>9</td><td colspan="2">$\phi20_{-0.021}^{0}$mm，$Ra1.6\mu m$</td><td>4/2</td><td></td><td colspan="2"></td></tr>
<tr><td>10</td><td colspan="2">$\phi15$mm</td><td>2</td><td></td><td colspan="2"></td></tr>
<tr><td>圆弧</td><td>11</td><td colspan="2">$SR10$mm</td><td>2</td><td></td><td colspan="2"></td></tr>
<tr><td>外螺纹</td><td>12</td><td colspan="2">M24×1.5－6g</td><td>5/2</td><td></td><td colspan="2"></td></tr>
<tr><td rowspan="4">长度</td><td>13</td><td colspan="2">8mm</td><td>1</td><td></td><td colspan="2"></td></tr>
<tr><td>14</td><td colspan="2">30mm</td><td>1</td><td></td><td colspan="2"></td></tr>
<tr><td>15</td><td colspan="2">45mm</td><td>1</td><td></td><td colspan="2"></td></tr>
<tr><td>16</td><td colspan="2">（52±0.05）mm</td><td>3</td><td></td><td colspan="2"></td></tr>
<tr><td>倒角</td><td>17</td><td colspan="2">$C1.5$（两处）</td><td>2</td><td></td><td colspan="2"></td></tr>
<tr><td rowspan="4">零件2</td><td rowspan="4">外圆</td><td>18</td><td colspan="2">$\phi34_{-0.016}^{0}$mm，$Ra1.6\mu m$</td><td>4/2</td><td></td><td colspan="2"></td></tr>
<tr><td>19</td><td colspan="2">$\phi36_{-0.025}^{0}$mm，$Ra1.6\mu m$</td><td>4/2</td><td></td><td colspan="2"></td></tr>
<tr><td>20</td><td colspan="2">$\phi40$mm</td><td>2</td><td></td><td colspan="2"></td></tr>
<tr><td>21</td><td colspan="2">$\phi46_{-0.016}^{0}$mm，$Ra1.6\mu m$</td><td>4/2</td><td></td><td colspan="2"></td></tr>
</table>

（续）

项目名称	轴、套类零件的车削（3）				序号	01
零件2	椭圆	序号	检测项目	配分	学生自评	教师评分
		22	椭圆轮廓	4		
	圆弧	23	*R*11mm	2		
	内孔	24	$\phi 22^{+0.021}_{0}$ mm	4		
	内沟槽	25	4mm×1.5mm	2		
	内螺纹	26	M24×1.5－6H	6		
	长度	27	$3\times5^{+0.03}_{0}$ mm	4		
		28	10mm	2		
		29	17mm	1		
		30	（97±0.05）mm	3		
		31	22mm	2		
		32	$32^{+0.05}_{0}$ mm	3		
配合		33	螺纹配合	6		
综合得分				100		

四、项目总结

该项目中零件的形状比较复杂，配合面有内、外螺纹配合和圆柱面配合。零件的精度要求较高，加工难点是零件2上椭圆的加工。加工零件2的螺纹时，一定要在工件不卸下的情况下进行试配，否则工件一旦卸下，如果配合不合格就无法进行修整。

思考与练习

1. 试叙述设定刀具偏移值的操作过程。

2. 试写出螺纹切削复合固定循环（G76）的指令格式，并说明指令中各参数的含义。

3. 编写如图8-2所示零件的数控加工程序并进行加工练习。已知材料为45钢，毛坯尺寸为φ55mm×175mm。

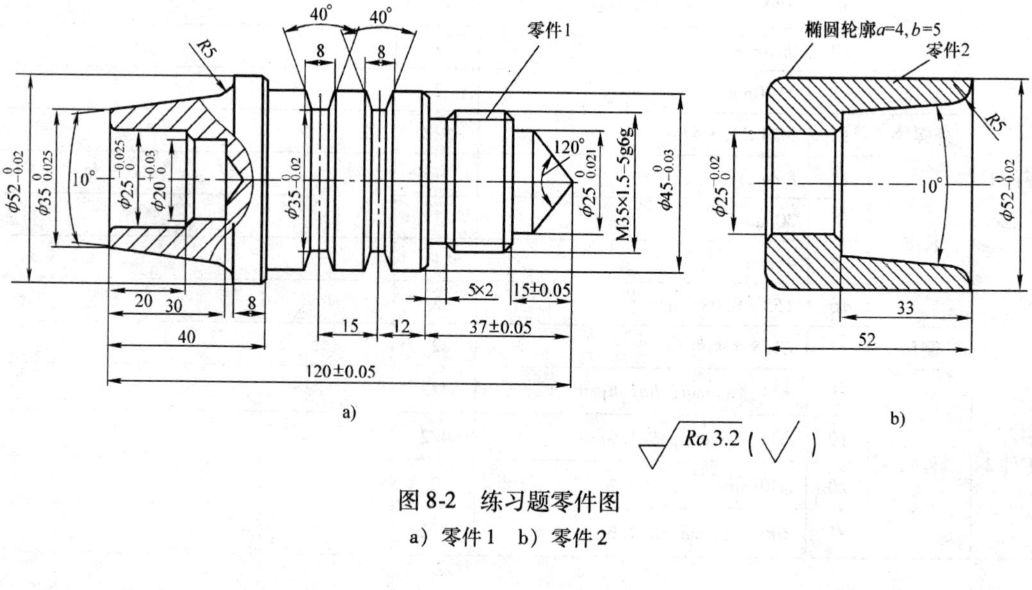

图8-2　练习题零件图

a）零件1　b）零件2

项目九　轴、套类零件的车削（4）

一、项目描述

本项目的待加工零件为轴、套类零件，如图 9-1 所示。已知毛坯的规格为 ϕ50mm × 170mm，材料为 45 钢。要求制定零件的加工工艺；编写数控加工程序；通过数控仿真加工调试，优化程序；最后进行零件的加工和检测。

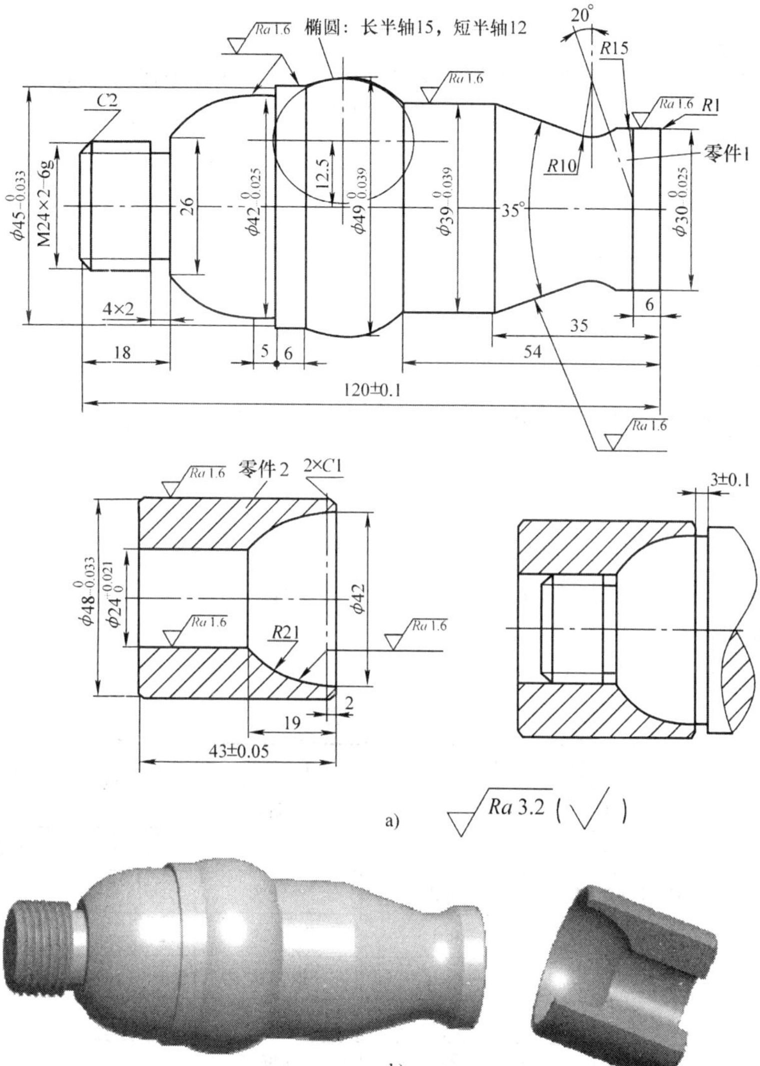

图 9-1　轴、套类零件车削练习件

a）零件图　b）实体图

二、项目教学目标

1）能合理选用数控车削加工中的切削用量。

2）合理使用相关编程指令，提高圆弧面配合的加工质量。

3）掌握复杂的圆柱、圆弧面配合零件的加工技巧。

三、项目实施

任务一　制定零件的加工工艺

1. 分析零件图

如图 9-1 所示的零件由零件 1 和零件 2 组成。零件 1 由外螺纹、圆锥面、圆弧面、椭圆面等组成，零件 2 由外圆、内孔、内圆弧面等组成。

零件 1 的主要圆柱表面有 $\phi30_{-0.025}^{0}$ mm、$\phi39_{-0.039}^{0}$ mm、$\phi42_{-0.025}^{0}$ mm、$\phi45_{-0.033}^{0}$ mm、$\phi49_{-0.039}^{0}$mm，其尺寸精度较高。其中，$\phi30_{-0.025}^{0}$mm、$\phi39_{-0.039}^{0}$mm、$\phi42_{-0.025}^{0}$mm、$\phi45_{-0.033}^{0}$ mm 的表面粗糙度值也较小，都为 $Ra1.6\mu m$。外螺纹为 M24 ×2 -6g，其他长度也按要求保证尺寸精度。

零件 2 的主要圆柱表面有 $\phi48_{-0.033}^{0}$ mm 外圆及 $\phi24_{0}^{+0.021}$ mm 内孔；其表面粗糙度要求也较高，都为 $Ra1.6\mu m$；其长度也有精度要求。

最关键的部分是内、外圆弧面的配合，要保证配合间隙的尺寸（3 ±0.1）mm。

2. 确定装夹方案

零件 1 的加工需调头，使用自定心卡盘和一夹一顶的方式装夹工件，注意零件应伸出合适的长度。加工时左右两端互为基准，采用设计基准作为定位基准。装夹零件 2 时，毛坯伸出 52mm，卡盘的限位安全距离为 5mm，加工完毕切断。

3. 选择刀具

刀具的选用见表 9-1。

表 9-1　刀　具　卡

序号	刀具号	刀具名称及规格	刀尖半径/mm	加工表面	备注
1	—	中心钻	—	左端面	手动
2	—	ϕ22mm 钻头	—	孔	手动
3	T0101	93°外圆车刀	0.2	外轮廓	—
4	T0202	镗孔刀	0.1	孔	—
5	T0303	切槽刀	$B=4$	退刀槽	—
6	T0404	60°外螺纹车刀	0.2	外螺纹	—
7	T0505	切断刀	$B=4$	切断	手动

4. 确定加工方案

先加工零件 1，再加工零件 2。

（1）零件1

1）夹紧零件毛坯，伸出卡盘80mm，加工零件右端。

2）粗车零件右端各外圆表面至椭圆轮廓结束。

3）精车零件右端各外圆表面，利用外径千分尺保证尺寸精度。

4）调头装夹，用铜皮包裹夹紧 ϕ39mm 外圆，保证长度。

5）粗车零件左端外圆各表面，留精加工余量0.5mm。

6）精车零件左端外圆各表面，利用外径千分尺保证尺寸精度。

7）切槽4mm×2mm至要求尺寸。

8）加工M24×2外螺纹，达到图样要求，利用螺纹千分尺保证其尺寸精度。

9）锐边倒钝，去毛刺，检测工件各项尺寸要求。

（2）零件2

1）装夹零件毛坯外圆，伸出卡盘52mm。

2）钻毛坯孔 ϕ22mm，深约45mm。

3）粗、精车内轮廓至尺寸要求，与零件1配作内圆弧。

4）粗车零件外圆，留精加工余量0.5mm。

5）精车零件外圆至尺寸要求，利用外径千分尺保证尺寸精度。

6）切断 ϕ48mm×43mm。

7）检测、校核。

5. 填写工序卡

按加工顺序将各工步内容、所用刀具编号、切削用量等加工信息填入数控加工工序卡，见表9-2。

表9-2　数控加工工序卡

数控加工工序卡		产品名称	零件图号		夹具名称	工序号	
					自定心卡盘	01	
工步号	工步内容	切削用量			刀具		备注
		主轴转速 n/(r/min)	进给速度 f/(mm/r)	背吃刀量 a_p/(mm)	编号	名称	
零件1							
1	粗车零件右端外轮廓	600	0.3	2	T0101	外圆车刀	—
2	精车零件右端外轮廓	1000	0.1	0.5	T0101	外圆车刀	—
3	粗车零件左端外轮廓	600	0.3	2	T0101	外圆车刀	—
4	精车零件左端外轮廓	1000	0.1	0.5	T0101	外圆车刀	—
5	车削4mm×2mm退刀槽	350	0.05	2	T0303	切槽刀	—
6	车削M24×2外螺纹	1000	—	—	T0404	外螺纹车刀	—
零件2							
7	钻中心孔	1200	—	—	—	—	手动
8	钻孔	500	—	—	—	—	—
9	粗加工内孔	600	0.2	1	T0202	镗孔刀	—

（续）

工步号	工步内容	切削用量			刀具		备注
		主轴转速 $n/(\mathrm{r/min})$	进给速度 $f/(\mathrm{mm/r})$	背吃刀量 $a_p/(\mathrm{mm})$	编号	名称	
10	精加工内孔	1000	0.1	0.5	T0202	镗孔刀	—
11	粗车零件外圆	600	0.3	2	T0101	外圆车刀	—
12	精车零件外圆	1000	0.1	0.5	T0101	外圆车刀	—
13	切断	—	—	—	T0505	切断刀	手动
编制	审核		批准		共1页		第1页

任务二　编写数控加工程序

根据各加工工步的进给路线编写零件的加工程序，见表9-3。

表9-3　轴、套类零件数控加工程序单（4）

序号	01	零件图号		编程原点	安装后右端面的中心
程序号		数控系统	FANUC 0i Mate-TC	编制	

程 序 内 容	简 要 说 明
零件1右端	
O0001	
N10　T0101；	换外圆车刀
N15　M03　S600；	
N20　G00　X50　Z5；	
N25　G73　U12　R12；	调用仿形循环加工，设定相关参数
N30　G73　P35　Q110　U0.5　W0　F0.3；	
N35　G00　X28；	
N40　G01　Z0　F0.1；	
N45　G03　X30　Z-1　R1；	
N50　G01　Z-6；	
N55　G03　X28.2　Z-11.1　R15；	
N60　G02　X28　Z-17.5　R10；	
N65　G01　X39　Z-35；	
N70　Z-54；	
N75　#1=35.69；	
N80　WHILE　[#1　LE　123.96]　DO1；	加工椭圆轮廓
N85　#2=24*SIN[#1]+25；	
N90　#3=15*COS[#1]-63.75；	
N95　G01　X[#2]　Z[#3]　F0.1；	

（续）

程 序 内 容	简 要 说 明
N100　#1 = #1 + 1;	
N105　END1;	
N110　X50;	
N115　G00　X100　Z100　M05;	
N120　M00;	
N125　M03　S1000;	
N130　G00　X50　Z5;	
N135　G70　P35　Q110;	调用精车循环
N140　G00　X100　Z100　M05;	
N145　M30;	程序结束
零件1左端	
O0002	
N10　T0101;	换外圆车刀
N15　M03　S600;	
N20　G00　X50　Z5;	
N25　G71　U1　R1	调用粗车循环
N30　G71　P30　Q80　U0.5　W0　F0.3;	
N35　G00　X20;	
N40　G01　Z0　F0.1;	
N45　X23.8　Z-2;	
N50　Z-18;	
N55　X26;	
N60　G03　X42　Z-35　R21;	
N65　G01　Z-40;	
N70　X45;	
N75　Z-46;	
N80　X50;	
N85　G00　X100　Z100　M05;	
N90　M00;	
N95　M03　S1000;	
N100　G00　X50　Z5;	
N105　G70　P30　Q80;	调用精车循环
N110　G00　X100　Z100　M05;	
N115　M00;	
N120　T0303;	换切槽刀
N125　M03　S350;	

（续）

程序内容	简要说明
N130 G00 X30 Z-18;	
N135 G01 X20 F0.05;	
N140 G00 X100 M05;	
N145 G00 Z100;	
N150 M00;	
N155 T0404;	换外螺纹车刀
N160 M03 S1000;	
N165 G00 X24 Z5;	
N170 G92 X23.5 Z-16 F2;	调用螺纹循环
N175 X23;	
N180 X22.5;	
N185 X22;	
N190 X21.8;	
N195 X21.5;	
N200 X21.4;	
N205 G00 X100 Z100 M05;	
N210 M30;	程序结束
零件2内孔	
O0003	
N10 T0202;	换镗孔刀
N15 M03 S600;	
N20 G00 X22 Z5;	
N25 G71 U1 R1;	调用粗车循环
N30 G71 P35 Q65 U-0.3 W0 F0.2;	
N35 G00 X42;	
N40 G01 Z0 F0.1;	
N45 Z-2;	
N50 G03 X24 Z-19 R21;	
N55 G01 Z-44;	
N60 X22;	
N65 Z5;	
N70 G00 Z100 M05;	
N75 X100;	
N80 M00;	
N85 M03 S1000;	
N90 G00 X22 Z5;	

（续）

程序内容	简要说明
N95 G70 P35 Q65；	调用精车循环
N100 G00 Z100 M05；	
N105 M30；	程序结束
零件2外圆	
O0004	
N10 T0101；	换外圆车刀
N15 M03 S600；	
N20 G00 X50 Z5；	
N25 G71 U1 R1；	调用粗车循环
N30 G71 P35 Q55 U0.5 W0 F0.3；	
N35 G0 X46；	
N40 G01 Z0 F0.1；	
N45 X48 Z－1；	
N50 Z－47；	
N55 X50；	
N60 G00 X100 Z100 M05；	
N65 M00；	
N70 M03 S1000；	
N75 G00 X50 Z5；	
N80 G70 P35 Q55；	调用精车循环
N85 G00 X100 Z100 M05；	
N90 M30；	程序结束

任务三 仿真加工零件

1）打开仿真软件、开机。

2）选择面板、车床各轴回零。

3）选择及安装刀具、设置毛坯。

4）对刀。

5）输入程序。

6）程序校验。

7）自动运行仿真加工。

8）测量工件、优化程序。

任务四　加工和检测零件

1. 加工准备

1）检查坯料尺寸。

2）开机，回零。

3）输入程序。

4）装夹工件。

5）装夹刀具。

2. 对刀设置

所有刀具应依次采用试切法对刀，把通过对刀操作得到的零偏置分别输入各自的长度补偿中。其中，切槽刀以左刀尖为刀位点，螺纹车刀以刀尖为刀位点。

3. 空运行及仿真

对输入的程序进行空运行或轨迹仿真，检测程序是否正确。

4. 自动加工及尺寸控制

（1）零件的自动加工　选择自动加工模式，打开程序，调好进给倍率，按下循环启动按钮进行加工。

（2）零件加工过程中的尺寸控制　外圆、长度及螺纹的尺寸控制可通过修改刀具磨损量的方法实现。相关配合面可通过配作保证其尺寸精度。

5. 检测零件与评分

在零件加工结束后进行检测，对其进行误差与质量分析，并将结果填入表9-4。

表9-4　数控车床编程与操作考核表

班级		姓名		学号		日期	
项目名称	轴、套类零件的车削（4）					序号	01

		序号	检测项目	配分	学生自评	教师评分
基本检查	编程	1	切削加工工艺制订正确	2		
		2	切削用量选用合理	2		
		3	程序正确、简单、明确且规范	2		
	操作	4	设备操作、维护保养正确	2		
		5	刀具选择、安装正确、规范	2		
		6	工件找正、安装正确、规范	2		
		7	安全文明生产	2		
工作态度		8	行为规范、纪律良好	2		
零件1	外圆	9	$\phi30^{\ 0}_{-0.025}$ mm，$Ra1.6\mu m$	4/2		
		10	$\phi39^{\ 0}_{-0.039}$ mm，$Ra1.6\mu m$	4/2		
		11	$\phi42^{\ 0}_{-0.025}$ mm，$Ra1.6\mu m$	4/2		
		12	$\phi45^{\ 0}_{-0.033}$ mm，$Ra1.6\mu m$	4/2		
		13	$\phi49^{\ 0}_{-0.039}$ mm	2		

（续）

项目名称	轴、套类零件的车削（4）				序号	01
		序号	检测项目	配分	学生自评	教师评分
零件1	圆弧	14	$R1$	1		
		15	$R10$	2		
		16	$R15$	2		
		17	$R21$，$Ra1.6\mu m$	2/2		
	锥度	18	锥度35°，$Ra1.6\mu m$	2/2		
	退刀槽	19	4mm×2mm	3		
	外螺纹	20	M24×2-6g	5		
	椭圆	21	椭圆轮廓	3		
	长度	22	5mm	1		
		23	6mm（两处）	2		
		24	18mm	1		
		25	35mm	1		
		26	54mm	1		
		27	（120±0.1）mm	2		
	其他	28	锐边倒钝，去毛刺	1		
零件2	外圆	29	$\phi48^{0}_{-0.033}$mm，$Ra1.6\mu m$	4/2		
	内孔	30	$\phi24^{+0.021}_{0}$mm，$Ra1.6\mu m$	4/2		
		31	$\phi42$mm	2		
	圆弧	32	$R21$mm，$Ra1.6\mu m$	2/2		
	长度	33	19mm	1		
		34	（43±0.05）mm	2		
	倒角	35	$C1$（两处）	2		
配合		36	3±0.1	2		
综合得分				100		

四、项目总结

该项目中的零件为配合件，有较高的配合精度要求，应选择锋利的精车刀及合理的切削用量，以获得较好的表面加工质量和合格的尺寸精度。加工内孔时，要合理设置退刀量，防止退刀时刀具与孔壁接触。加工椭圆面时，应注意合理选择刀具的副偏角，防止副切削刃与已加工表面发生干涉。

思考与练习

1. 如何进行零件的精度分析？
2. 当零件有3mm的装配尺寸，且精度要求较高时，该怎样合理控制其尺寸？
3. 编写如图9-2所示零件的数控加工程序并进行加工练习。已知材料为45钢，毛坯尺寸为ϕ50mm×185mm。

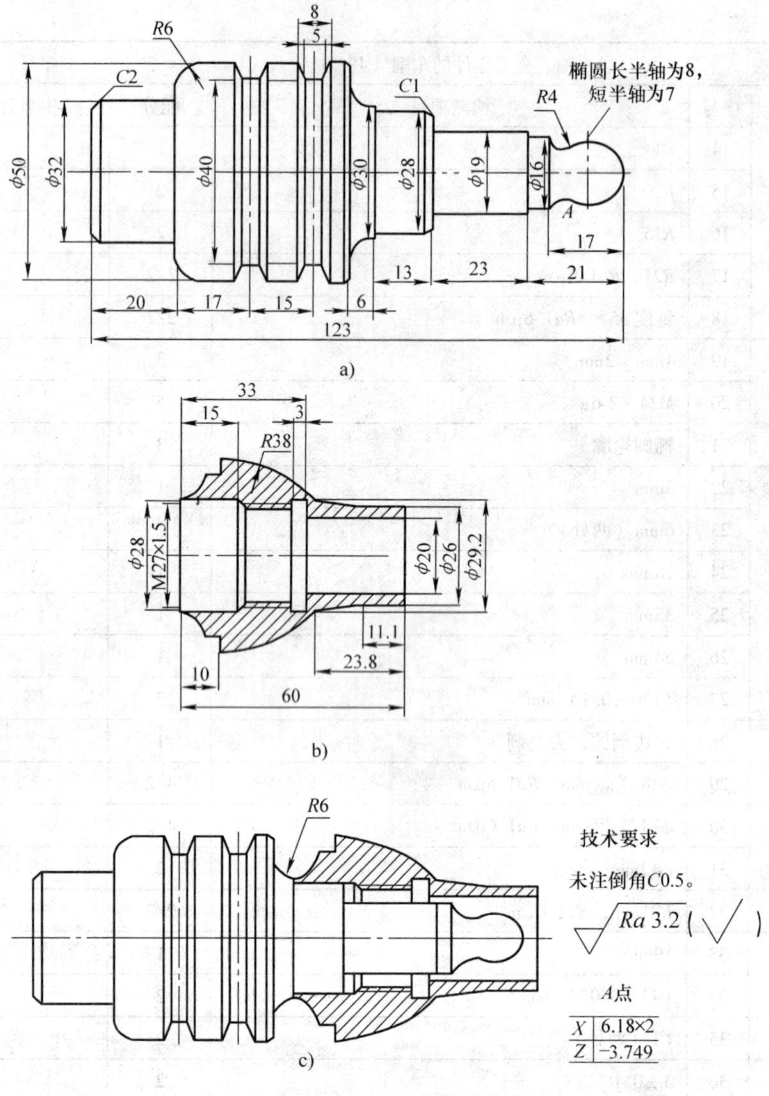

图 9-2　练习题零件图

a）零件 1　b）零件 2　c）装配图

项目十　轴、套类零件的车削（5）

一、项目描述

本项目的待加工零件为轴、套类零件，如图 10-1 所示。已知毛坯的规格为 ϕ50mm × 165mm，材料为 45 钢。要求制订零件的加工工艺；编写数控加工程序；通过数控仿真加工调试，优化程序；最后进行零件的加工和检测。

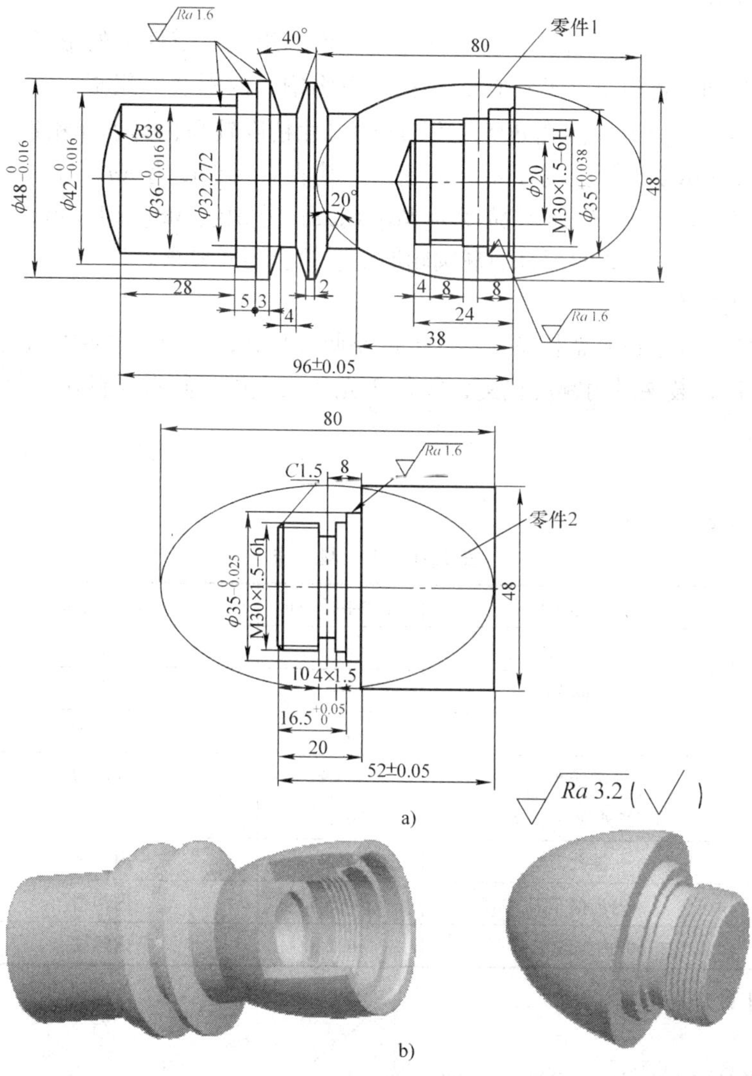

图 10-1　轴、套类零件车削练习件

a）零件图　b）实体图

二、项目教学目标

1）掌握配合件的车削加工方法。

2）掌握尺寸精度、几何公差和表面粗糙度的综合控制方法，保证配合精度。

3）懂得配合件的车削工艺、加工质量的分析和编程方法。

三、项目实施

任务一　制订零件的加工工艺

1. 分析零件图

图10-1所示的零件为配合件，由零件1与零件2组成。零件1的形状比较复杂，它由外圆柱面、圆弧面、椭圆面、T形槽、内孔、内沟槽、内螺纹等组成；外圆 $\phi36_{-0.016}^{\ 0}$mm、$\phi42_{-0.016}^{\ 0}$mm、$\phi48_{-0.016}^{\ 0}$mm，内孔 $\phi35_{\ 0}^{+0.038}$mm 的尺寸精度较高，其表面粗糙度为 $Ra1.6\mu m$；内螺纹及长度尺寸精度也须控制在要求范围内，其表面粗糙度为 $Ra3.2\mu m$。零件2的主要尺寸有外圆 $\phi35_{-0.025}^{\ 0}$mm，表面粗糙度为 $Ra1.6\mu m$；外螺纹 M30×1.5-6g，表面粗糙度为 $Ra3.2\mu m$。零件1与零件2的配合面椭圆轮廓也应符合图样要求。

2. 确定装夹方案

此工件应使用自定心卡盘装夹。零件1需要调头装夹，先加工零件左端，然后调头装夹 $\phi36_{-0.016}^{\ 0}$mm 外圆，装夹时用铜皮包裹；零件2先加工左端，其右端椭圆可将零件2旋入零件1后再进行加工。

3. 选择刀具

刀具的选用见表10-1。

表10-1　刀　具　卡

序号	刀具号	刀具名称及规格	刀尖半径/mm	加工表面	备注
1	—	中心钻	—	左端面	手动
2	—	ϕ20mm 钻头	—	孔	手动
3	T0101	93°菱形外圆车刀	0.2	外轮廓	—
4	T0202	外沟槽车刀	$B=4$	外沟槽	—
5	T0303	60°外螺纹车刀	0.2	外螺纹	—
6	T0404	镗孔刀	0.2	内轮廓	—
7	T0505	内沟槽车刀	$B=2.5$	内沟槽	—
8	T0606	60°内螺纹车刀	0.2	内螺纹	—

4. 确定加工方案

（1）零件2

1）装夹零件毛坯，加工零件2左端。

2）粗、精加工 $\phi35_{-0.025}^{\ 0}$mm 外圆至尺寸要求。

3）切槽4mm×1.5mm。

4）车削外螺纹 M30×1.5-6h 至尺寸要求。

5）切断，保证长度（52±0.05）mm。

（2）零件 1

1）装夹零件毛坯，加工零件 1 左端至 T 形槽结束。

2）粗、精车零件左端各外圆至尺寸要求，利用外径千分尺保证尺寸精度。

3）粗、精车 T 形槽。

4）调头装夹 ϕ36mm 外圆，用铜皮包裹，加工零件右端内轮廓，保证内孔 $\phi35^{+0.038}_{0}$ mm 的尺寸精度。

5）车削内沟槽。

6）车削 M30×1.5 内螺纹。

（3）配合　零件 1 与零件 2 为螺纹配合，加工椭圆至尺寸精度要求。

5. 填写工序卡

按加工顺序将各工步内容、所用刀具编号、切削用量等加工信息填入数控加工工序卡中，见表 10-2。

表 10-2　数控加工工序卡

数控加工工序卡	产品名称	零件图号	夹具名称	工序号
			自定心卡盘	01

工步号	工步内容	切削用量			刀具		备注
		主轴转速 n/（r/min）	进给速度 f（mm/r）	背吃刀量 a_p/mm	编号	名称	
	零件 2						
1	粗车左端外轮廓	600	0.3	2	T0101	外圆车刀	—
2	精车左端外轮廓	1000	0.1	0.5	T0101	外圆车刀	—
3	切槽 4mm×1.5mm	350	0.1	2	T0202	外沟槽车刀	—
4	车削螺纹 M30×1.5	1000	—	—	T0303	外螺纹车刀	—
5	切断	350	—	—	—	—	手动
	零件 1						
6	粗车左端外轮廓	600	0.3	2	T0101	外圆车刀	—
7	精车左外轮廓	1000	0.1	0.5	T0101	外圆车刀	—
8	粗、精车 T 形槽	350	0.1	2	T0202	外沟槽车刀	—
9	调头装夹、钻孔	—	—	—	—	钻头	手动
10	粗车右端内轮廓	600	0.3	2	T0404	镗孔刀	—
11	精车右端内轮廓	1000	0.1	0.5	T0404	镗孔刀	—
12	车削内沟槽	350	0.05	2	T0505	内沟槽车刀	—
13	车削 M30×1.5 内螺纹	1000	—	—	T0606	内螺纹车刀	—
	配合						
14	粗车工件椭圆轮廓	600	0.3	2	T0101	外圆车刀	—
15	精车工件椭圆轮廓	1000	0.1	0.5	T0101	外圆车刀	—

编制		审核		批准		共 1 页	第 1 页

任务二 编写数控加工程序

根据各加工工步的进给路线编写零件的数控加工程序，见表10-3。

表10-3 轴、套类零件数控加工程序单（5）

序号	01	零件图号		编程原点	安装后右端面的中心
程序号		数控系统	FANUC 0i Mate-TC	编制	

程序内容	简要说明
零件2左端	
O0001	
N10 T0101;	换外圆车刀
N15 M03 S600;	
N20 G0 X50 Z5;	
N25 G71 U1.5 R1.5;	调用粗车循环
N30 G71 P35 Q70 U0.5 W0 F0.3;	
N35 G0 X27;	
N40 G01 Z0 F0.1;	
N45 X29.85 Z-1.5;	
N50 Z-16.5;	
N55 X34;	
N60 X35 Z-17;	
N65 Z-20;	
N70 X50;	
N75 G00 X100 Z100 M05;	
N80 M00;	
N85 M03 S1000;	设定转速
N90 G00 X50 Z5;	
N95 G70 P35 Q70;	调用精车循环
N100 G00 X100 Z100 M05;	
N105 M00;	
N110 T0202 M03 S350;	换外沟槽车刀
N115 G00 X35 Z-14;	
N120 G01 X27 F0.1;	
N125 X35 F0.5;	
N130 G00 X100 Z100 M05;	
N135 M00;	
N140 T0303 M03 S1000;	换外螺纹车刀

（续）

程 序 内 容	简 要 说 明
N145　G00　X35　Z5；	
N150　G92　X29.5　Z－10　F1.5；	调用螺纹切削循环
N155　X29；	
N160　X28.5；	
N165　X28.1；	
N170　X27.99；	
N175　G00　X100　Z100　M05；	
N180　M30；	程序结束
零件1左端	
O0002	
N10　T0101　M03　S600；	换外圆车刀
N15　G00　X50　Z5；	
N20　G71　U1.5　R1.5；	调用粗车循环
N25　G71　P30　Q65　U0.8　W0　F0.3；	
N30　G01　X0　F0.1；	
N35　G03　X36　Z－4.534　R38；	
N40　G01　Z－32.534；	
N45　X42；	
N50　Z－37.534；	
N55　X48；	
N60　Z－69.534；	
N65　G01　X50；	
N70　G00　X100　Z100　M05；	
N75　M00；	
N80　M03　S1000；	
N85　G70　P30　Q65；	调用精车循环
N90　G00　X100　Z100　M05；	
N95　M00；	
N100　T0202　M03　S350；	换外沟槽车刀
N105　G00　X50　Z－42.863；	
N110　G01　X32.272　F0.1；	车削梯形槽
N115　G00　X50；	
N120　Z－45.724；	
N125　G01　X48；	
N130　X32.272　Z－42.862；	
N135　G00　X50；	

（续）

程 序 内 容	简 要 说 明
N140 Z-45；	
N145 G01 X48；	
N150 X32.272 Z-43.862；	
N155 G00 X150；	
N160 Z50；	
N165 M30；	程序结束
零件1右端内轮廓	
O0003	
N10 T0404 M03 S600；	换镗孔刀
N15 G00 X20 Z5；	
N20 G71 U1 R1；	调用粗车循环
N25 G71 P30 Q75 U-0.3 W0 F0.3；	
N30 G00 X36；	
N35 G01 Z0 F0.1；	
N40 X35 Z-0.5；	
N45 Z-6；	
N50 X30；	
N55 X30 Z-12；	
N60 X28.5 Z-13.5；	
N65 Z-24；	
N70 X20；	
N75 G00 Z100 M05；	
N80 X100；	
N85 M00；	
N90 M03 S1000；	
N95 G00 X20 Z5；	
N100 G70 P30 Q75；	调用精车循环
N105 G00 Z100；	
N110 X100 M05；	
N115 M00；	
N120 T0505 M03 S350；	换内沟槽车刀
N125 G00 X20 Z5；	
N130 G01 X24 F0.5；	
N135 X31.5 F0.1；	

（续）

程序内容	简要说明
N140　X20　F0.5;	
N145　G00　Z5;	
N150　G00　X100　Z100　M05;	
N155　M00;	
N160　T0606　M03　S1000;	换内螺纹车刀
N165　G00　X28.5　Z5;	
N170　G92　X29　Z-22　F1.5;	调用螺纹切削循环
N175　X29.5;	
N180　X30.5;	
N185　X30.46;	
N190　X30.36;	
N195　G00　Z100;	
N200　X100　M05;	
N205　M30;	程序结束
配作椭圆	
O0004	
N10　T0101　M03　S600;	换外圆车刀
N15　G00　X50　Z5;	
N20　G73　U25　R25;	调用仿形循环
N25　G73　P30　Q85　U0.5　W0　F0.3;	
N30　G00　X-1;	
N35　G01　Z0　F0.1;	
N40　#1=35;	加工椭圆轮廓
N45　WHILE　[#1　GE　-15]　DO1;	
N50　#2=1.2*SQRT[1600-#1*#1];	
N55　G01　X[#2]　Z[#1-40];	
N60　#1=#1-0.2;	
N65　END1;	
N70　G02　X44　Z-64　R8;	
N75　Z-67;	
N80　X50;	
N85　G00　X100　Z100　M05;	
N90　M00;	
N95　M03　S1000;	

（续）

程序内容	简要说明
N100 G00 X50 Z5；	
N105 G70 P30 Q85；	调用精车循环
N110 G00 X100 Z100 M05；	
N115 M30；	程序结束

任务三 仿真加工零件

1）打开仿真软件、开机。
2）选择面板、车床各轴回零。
3）选择及安装刀具、设置毛坯。
4）对刀。
5）输入程序。
6）程序校验。
7）自动运行仿真加工。
8）测量工件、优化程序。

任务四 加工和检测零件

1. 加工准备

1）检查坯料尺寸。
2）开机，回零。
3）输入程序。
4）装夹工件。
5）装夹刀具。

2. 对刀设置

所有刀具应依次采用试切法对刀，把通过对刀操作得到的零偏置分别输入各自的长度补偿中。其中，切槽刀以左刀尖为刀位点，螺纹车刀以刀尖为刀位点。

3. 空运行及仿真

对输入的程序进行空运行或轨迹仿真，检测程序是否正确。

4. 自动加工及尺寸控制

（1）零件的自动加工 选择自动加工模式，打开程序，调好进给倍率，按下循环启动按钮进行加工。

（2）零件加工过程中的尺寸控制 外圆、内孔、长度及螺纹尺寸的控制可通过修改刀具磨损量的方法实现。相关配合面的尺寸精度可通过配作保证。

5. 检测零件与评分

在零件加工结束后进行检测，对其进行误差与质量分析，将结果填入表10-4。

表 10-4　数控车床编程与操作考核表

班级		姓名		学号		日期	
项目名称	轴、套类零件的车削（5）					序号	01

		序号	检测项目	配分	学生自评	教师评分
基本检查	编程	1	切削加工工艺制订正确	2		
		2	切削用量选用合理	2		
		3	程序正确、简单、明确且规范	2		
	操作	4	设备操作、维护保养正确	2		
		5	刀具选择、安装正确、规范	2		
		6	工件找正、安装正确、规范	2		
		7	安全文明生产	2		
工作态度		8	行为规范、纪律良好	2		
零件 1	外圆	9	$\phi32.272$mm	3		
		10	$\phi36_{-0.016}^{0}$mm，$Ra1.6\mu m$	5/2		
		11	$\phi42_{-0.016}^{0}$mm，$Ra1.6\mu m$	5/2		
		12	$\phi48_{-0.016}^{0}$mm，$Ra1.6\mu m$	5/2		
	圆弧	13	$R38$mm	2		
	椭圆	14	椭圆轮廓	6		
	内孔	15	$\phi35_{0}^{+0.038}$mm，$Ra1.6\mu m$	5/2		
	内螺纹	16	M30×1.5-6H	5/2		
	长度	17	2mm	1		
		18	3mm	1		
		19	4mm（两处）	2		
		20	5mm	1		
		21	18mm	1		
		22	24mm	1		
		23	28mm	1		
		24	38mm	1		
		25	（96±0.05）mm	3		
零件 2	外圆	26	$\phi35_{-0.025}^{0}$mm，$Ra1.6\mu m$	5/2		
	外螺纹	27	M30×1.5-6h	5/2		
	长度	28	16.5mm	1		
		29	20mm	1		
		30	（52±0.05）mm	3		
	倒角	31	$C1.5$	1		
配合		32	螺纹配合	6		
综合得分				100		

四、项目总结

该项目为配合件的加工。在保证零件配合精度时，应从以下几方面考虑：两零件内、外螺纹及内、外圆柱面应具有较高的同轴度；注意两零件几何精度对总长的影响；特别注意配合车削椭圆时车刀刀尖圆弧刃的形状误差、刀尖圆弧半径补偿，以及车刀刀尖安装后的中心高。

思考与练习

1. 刀尖圆弧半径补偿的过程分哪几步？在进行刀尖圆弧半径补偿的过程中，应注意哪些问题？

2. 什么叫用户宏程序？它的最大特点是什么？

3. 编写如图 10-2 所示零件的数控加工程序并进行加工练习。已知材料为 45 钢，毛坯尺寸为 $\phi50\text{mm}\times150\text{mm}$。

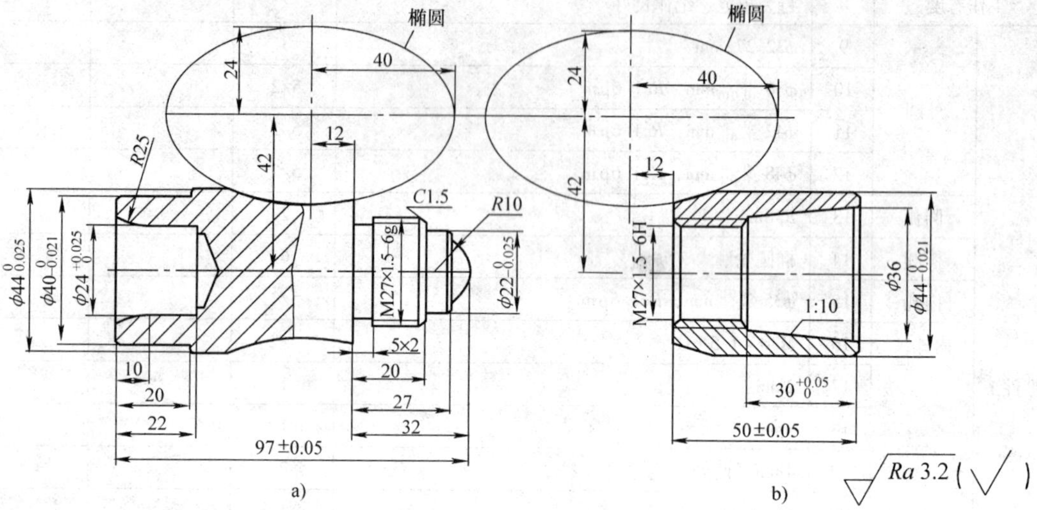

图 10-2　练习题零件图

a）零件 1　b）零件 2

第三篇

鉴定篇

样卷一　数控车工职业技能（高级）考核试卷01

一、理论知识试卷

（一）单项选择题（第1题～第60题，选择一个正确的答案，将相应的字母填入括号中，每题1分，满分60分）

1. 职业道德体现了（　　）。

A. 从业者对所从事职业的态度　　B. 从业者的工资收入
C. 从业者享有的权利　　D. 从业者的工作计划

2. 遵守法律法规不要求（　　）。

A. 遵守国家法律和政策　　B. 遵守安全操作规程
C. 加强劳动协作　　D. 遵守操作程序

3. 下列违反安全操作规程的是（　　）。

A. 自己制订生产工艺　　B. 贯彻安全生产规章制度
C. 加强法制观念　　D. 执行国家安全生产的法令规定

4. 金属材料的力学性能是指金属材料在（　　）作用下所表现出来的性能。

A. 内力　　B. 外力　　C. 向心力　　D. 万有引力

5. 石墨以团絮状存在的铸铁称为（　　）。

A. 灰铸铁　　B. 可锻铸铁　　C. 球墨铸铁　　D. 蠕墨铸铁

6. 在碳素钢中加入适量的合金元素形成了（　　）。

A. 硬质合金　　B. 高速钢　　C. 合金工具钢　　D. 碳素工具钢

7. 车刀的几何角度是在基面、切削平面、主剖面等辅助平面内（　　）的角度。

A. 定义　　B. 测量　　C. 建立　　D. 计算

8. 游标量具中主要用于测量孔、槽的深度和台阶的高度的工具是（　　）。

A. 游标深度尺　　B. 游标高度尺　　C. 游标齿厚尺　　D. 外径千分尺

9. 錾削时，如果发现锤子的木柄上沾有油应（　　）。

A. 不用管　　B. 及时擦去
C. 在木柄上包上布　　D. 戴上手套

10. 调整锯条松紧时，若翼形螺母旋得太松，则锯条（　　）。

A. 锯削省力　　B. 锯削费力　　C. 不会折断　　D. 易折断

11. 人体的触电方式分（　　）两种。

A. 电击和电伤　　B. 电吸和电摔　　C. 立穿和横穿　　D. 局部和全身

12. 可能引起机械伤害的做法是（　　）。

A. 正确使用防护设施　　B. 转动部件停稳前不进行操作
C. 转动部件上少放物品　　D. 站位得当

13. 三头蜗杆零件图常采用（　　）、断面图（移出断面）和局部放大的表达方法。

A. 主视图　　B. 轴测图　　C. 剖视图　　D. 向视图

14. 主轴箱的传动轴通过（　　）在主轴箱体上实现轴向定位。

A. 轴承　　B. 轴肩　　C. 轴承座　　D. 轴颈

15. 进给箱内传动轴的轴向定位方法，大都采用（　　）定位。

A. 一端　　B. 两端　　C. 三支撑　　D. 以上说法都对

16. 识读装配图的步骤是先（　　）。

A. 识读标题栏　　B. 看视图配置　　C. 看标注尺寸　　D. 看技术要求

17. 球化退火可获得珠光体组织，硬度为（　　）左右，可改善切削条件，延长刀具寿命。

A. 200HBW　　B. 50HRC　　C. 40HRC　　D. 850HV

18. 直接改变原材料、毛坯等生产对象的形状尺寸和性能，使之变为成品或半成品的过程称为（　　）。

A. 生产工艺　　B. 生产过程　　C. 工序　　D. 工艺过程

19. 对工厂（　　）零件的资料进行分析比较，根据经验确定加工余量的方法，称为经验估算法。

A. 同材料　　B. 同类型　　C. 同质量　　D. 同精度

20. 规格为200mm的K93液压高速动力卡盘的楔心套行程是（　　）mm。

A. 30　　B. 40　　C. 50　　D. 60

21. 数控车床液压卡盘在配车卡爪时，应在（　　）下进行。

A. 空载状态　　B. 夹持　　C. 受力状态　　D. 反撑

22. 为保证数控自定心中心架夹紧零件的中心与机床主轴中心重合，须使用（　　）调整。

A. 千分尺和百分表　　B. 试棒和百分表

C. 千分尺和试棒　　D. 千分尺和杠杆百分表

23. 数控车床的转塔刀架采用（　　）驱动，可进行重负荷切削。

A. 液压马达　　B. 液压泵　　C. 齿轮齿条　　D. 气泵

24. 对于数控加工的零件，零件图上应直接给出（　　），以便于尺寸间的互相协调。

A. 局部尺寸　　B. 整体尺寸　　C. 坐标尺寸　　D. 无法判断

25. 数控加工中确定进给路线的原则之一是使加工路线（　　）。

A. 不变　　B. 细化　　C. 最短　　D. 最长

26. 对刀点是数控加工中刀具相对（　　）的起点。

A. 机床原点　　B. 工件　　C. 尾座　　D. 换刀点

27. 在编制数控加工程序前，应该（　　）。

A. 设计机床夹具　　B. 计算加工尺寸

C. 计算加工轨迹　　D. 确定工艺过程

28. 一个完整的程序由（　　）、程序的内容和程序结束三部分构成。

A. 工件名称　　B. 程序号　　C. 工件编号　　D. 地址码

29. 刀具长度补偿指令（　　）是将运动指令终点坐标值减去偏置值。

A. G48　　B. G49　　C. G43　　D. G44

30. 在 FANUC 数控系统中，子程序调用指令为（　　）。

A. M97　　B. M98　　C. M99　　D. M100

31.（　　）与数控系统的插补功能及某些参数有关。

A. 刀具误差　　B. 逼近误差　　C. 插补误差　　D. 机床误差

32. 在 FANUC 系统中，G90 是（　　）切削循环指令。

A. 螺纹　　B. 端面　　C. 外圆　　D. 复合

33. 在 FANUC 系统中，（　　）可用 G90 循环指令编程。

A. 钻深孔　　B. 车削余量大的端面

C. 车削圆锥　　D. 车削大螺距螺纹

34. 在程序段 G90　X52　Z－100　F0.3 中，X52　Z－100 的含义是（　　）。

A. 车削 100mm 长的圆锥　　B. 车削 100mm 长、大端直径为 52mm 的圆锥

C. 外圆终点坐标为（100，52）　　D. 车削 100mm 长、小端直径为 48mm 的圆锥

35. 在 FANUC 系统中，（　　）指令是精加工循环指令。

A. G71　　B. G72　　C. G73　　D. G70

36. 在 G71P(ns)Q(nf)U(Δu)W(Δw)S500 程序格式中，（　　）表示 X 轴方向上的精加工余量。

A. Δw　　B. Δu　　C. ns　　D. nf

37. 在 G73P(ns)Q(nf)U(Δu)W(Δw)S500 程序格式中，（　　）表示 Z 轴方向上的精加工余量。

A. Δu　　B. Δw　　C. ns　　D. nf

38. 在 G74　X60　Z－100　P5　Q20　F0.3 程序格式中，（　　）表示 X 轴方向上的间断走刀长度。

A. 0.3　　B. 5　　C. －100　　D. 60

39. 在 G75　X80　Z－120　P10　Q5　R1　F0.3 程序格式中，（　　）表示 X 方向间断切削长度。

A. －120　　B. 10　　C. 5　　D. 80

40. 在 FANUC 系统中，（　　）指令是换刀指令。

A. M05　　B. M02　　C. M03　　D. M06

41. 在 FANUC 系统中，（　　）指令是切削液停指令。

A. M08　　B. M02　　C. M09　　D. M06

42. 在 FANUC 系统中，（　　）指令是镜像取消指令。

A. M06　　B. M10　　C. M22　　D. M23

43. NC 故障排除后，按 RESET 键（　　）。

A. 消除报警　　B. 重新编程　　C. 修改程序　　D. 回参考点

44. 程序段 G71　P0035　Q0060　U4.0　W2.0　S500 是（　　）循环指令。

A. 精加工　　B. 外径粗加工

C. 端面粗加工　　D. 固定形状粗加工

45.（　　）是端面粗加工循环指令。

A. G70　B. G71　C. G72　D. G73

46. （　　）是固定形状粗加工循环指令。

A. G70　B. G71　C. G72　D. G73

47. G75 指令是（　　）循环指令。

A. 间断纵向切削　B. 间断端面切削

C. 端面粗加工　D. 固定形状粗加工

48. 当数控车床手动进给时，模式选择开关应置于（　　）。

A. JOG FEED　B. RELEASE　C. ZERO RETURN　D. HANDLE FEED

49. 当数控车床（　　）时，模式选择开关应置于 MDI。

A. 快速进给　B. 手动数据输入　C. 回零　D. 手动进给

50. 当数控车床处于自动状态时，可完成（　　）工作。

A. 工件加工　B. 循环　C. 回零　D. 手动进给

51. 当数控车床处于编辑状态时，模式选择开关应置于（　　）。

A. AUTO　B. PRGRM

C. ZERO RETURN　D. EDIT

52. 当数控车床手动脉冲发生器的选择开关位置在 X10 时，手轮的进给单位为(　　)。

A. 0. 01mm/格　B. 0. 001mm/格

C. 0. 1mm/格　D. 1mm/格

53. 数控车床主轴速度控制盘的英文是（　　）。

A. SPINDLE　OVERRIDE　B. EMERGENCY STOP

C. RAPID　TRAVERSE　D. HANDLE FEED

54. 当模式选择开关处于 JOG FEED 状态时，数控车床的（　　）有效。

A. 主轴速度控制盘　B. 刀具指定开关

C. 尾座套筒运动　D. 手轮速度

55. 当数控车床的切削液开关处于（　　）位置时，是手动控制切削液的开关。

A. SPINDLE　B. OFF

C. COOLANT ON　D. M CODE

56. 数控车床需要机床锁定时，开关的位置是（　　）。

A. OFF　B. MACHINE LOCK

C. ON　D. IN

57. 检验箱体工件上的立体交错孔的垂直度时，先用（　　）找正基准检验棒，使基准孔与检验平板垂直，然后用（　　）测量检验棒两处，其差值即为测量长度内两孔轴线的垂直度误差。

A. 直角尺，百分表　B. 直角尺，千分尺

C. 千分尺，百分表　D. 百分表，千分尺

58. 使用齿厚游标卡尺可以测量蜗杆的（　　）。

A. 分度圆　B. 轴向齿厚

C. 法向齿厚　D. 周节

59. 车削螺纹时，主轴的轴向窜动会使螺纹（　　）产生误差。

A. 中径　　B. 牙型角

C. 局部螺距　　D. 表面粗糙度

60. 加工箱体类零件上的孔时，如果车削过程中箱体位置发生变动，会影响平行孔的（　）。

A. 尺寸精度　　B. 形状精度

C. 孔距精度　　D. 表面粗糙度

（二）**判断题**（第61题～第100题，将判断结果填入括号中，正确的填“✓”，错误的填“×”，每题1分，满分40分）

61. 劳动既是个人谋生的手段，也是为社会服务的途径。（　）

62. 整洁的工作环境可以振奋职工的精神，提高工作效率。（　）

63. 基本偏差确定公差带的位置。（　）

64. 只要是线性尺寸的一般公差，其在加工精度上都没有区分。（　）

65. 提高零件的表面质量，可以提高间隙配合的稳定性或过盈配合的连接强度。（　）

66. 齿轮传动由主动齿轮、齿条和机架组成。（　）

67. 按摩擦性质不同，螺旋传动可分为传动螺旋、传力螺旋和调整螺旋三种类型。（　）

68. 游标卡尺可以用来测量沟槽及深度。（　）

69. 千分尺可以测量正在旋转的工件。（　）

70. 减速器箱体的加工过程分为平面加工、侧面和轴承孔加工两个阶段。（　）

71. 车床主轴箱齿轮齿面的加工顺序为滚齿、插齿、剃齿等。（　）

72. 防止周围环境中的水汽、二氧化硫等有害介质侵蚀是润滑剂的洗涤作用。（　）

73. 对于薄壁管子和精加工过的管子，必须直接装夹在台虎钳上锯削。（　）

74. 从零件的标题栏可以知道该零件的名称、数量、材料及热处理要求。（　）

75. 斜二测轴测图的 OY 轴与水平方向成120°。（　）

76. 为了提高主轴箱中较长的传动轴的精度，可以采用三支撑结构。（　）

77. 进给箱的功用是把交换齿轮箱传来的运动，通过改变箱内滑移齿轮的位置，变速后传给丝杠或光杠，以满足车削螺纹和机动进给的需要。（　）

78. 装夹箱体零件时，夹紧力的作用点应尽量靠近基准面。（　）

79. 确定加工顺序、工序内容和加工方法，划分加工阶段，安排热处理、检验及其他辅助工序，是拟定工艺路线的主要工作。（　）

80. 相对于普通顶尖，数控顶尖具有回转精度高、转速快、承载能力大等优点。（　）

81. 数控车床的转塔刀架径向刀具多用于外圆的加工。（　）

82. 已知两圆的方程，需联立两圆的方程求两圆的交点，如果判别式 $\Delta>0$，则说明两圆弧有两个交点。（　）

83. 数控车床适于加工余量不均匀的工件。（　）

84. 在程序段 G94　X30　Z－5　R3　F0.3 中，R3 的含义是斜面轴向尺寸。（　）

85. G74 指令是间断纵向加工循环指令，主要用于钻孔加工。（　）

86. FANUC 系统中的 M00 表示任选停止，也称选择停止。（　）

87. FANUC 系统中的 M99 指令是子程序结束指令。（　）

88. 检查气动系统压力是否正常是数控车床每天需要检查保养的内容。（　　）

89. 数控车床的主轴运转情况是需要每年检查保养的内容。（　　）

90. 数控车床液压系统中的液压泵不能作为液压马达使用。（　　）

91. 液压系统中的双出杆液压缸活塞杆与缸盖处采用V形密封圈密封。（　　）

92. 在程序段G74　Z-80.0　Q20.0　F0.15中，Q20.0的含义是退刀长度。（　　）

93. 数控车床试运行开关处于“DRY RUN”位置，在“MDI”状态下运行车床时，程序中给定的主轴转速无效。（　　）

94. 测量深孔件形状精度最常用的方法是比较法。（　　）

95. 偏心距较大的工件不能采用直接测量法测出偏心距，这时可用卡尺和千分尺采用间接测量法测出偏心距。（　　）

96. 使用量块检验轴径夹角误差时，量块高度的计算公式是$h=M-0.5(D+d)-R\sin\theta$。（　　）

97. 如果两半箱体的同轴度要求不高，可以在两被测孔中插入检验棒，将百分表固定在一个检验棒上，将百分表测头触在另一孔的检验棒上，百分表转动一周得到的读数差的一半，就是同轴度误差。（　　）

98. 车削轴类零件时，如果车床刚性差，滑板镶条太松，传动零件不平衡，则在车削过程中会引起振动，使工件尺寸精度达不到要求。（　　）

99. 铰孔时，如果车床尾座偏移，则铰出孔的孔口会扩大。（　　）

100. 用仿形法车削圆锥时，产生锥度（角度）误差的原因是靠模板角度调整不正确。（　　）

参考答案

（一）单项选择题

1. A	2. C	3. A	4. B	5. B	6. C	7. B	8. A
9. B	10. D	11. A	12. C	13. A	14. A	15. B	16. A
17. A	18. D	19. B	20. A	21. C	22. B	23. A	24. C
25. C	26. B	27. D	28. B	29. D	30. B	31. C	32. C
33. C	34. C	35. D	36. B	37. B	38. B	39. B	40. C
41. C	42. D	43. A	44. B	45. C	46. D	47. B	48. D
49. B	50. A	51. D	52. A	53. A	54. B	55. C	56. B
57. A	58. C	59. C	60. C				

（二）判断题

61. √	62. √	63. √	64. ×	65. √	66. ×	67. ×	68. √
69. ×	70. √	71. ×	72. ×	73. ×	74. ×	75. ×	76. ×
77. √	78. ×	79. √	80. √	81. √	82. √	83. ×	84. √
85. √	86. ×	87. √	88. √	89. ×	90. ×	91. √	92. ×
93. ×	94. ×	95. ×	96. √	97. √	98. ×	99. √	100. √

二、操作技能试卷

（一）零件图（图11-1）

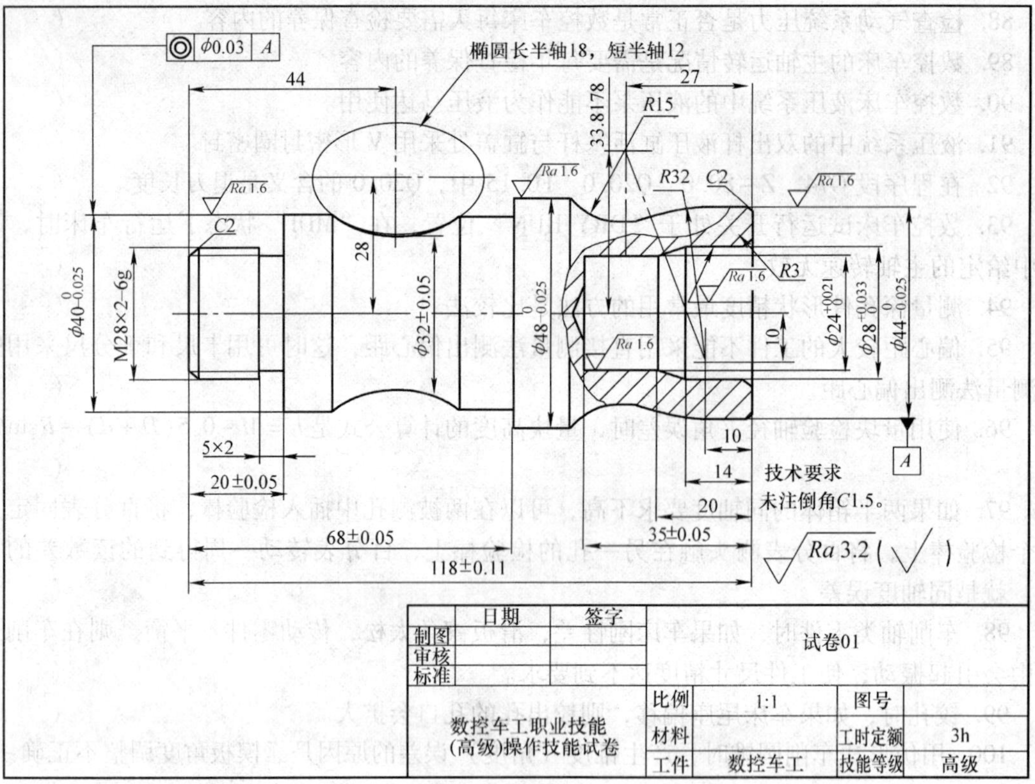

图 11-1　零件图

（二）工具、量具、刀具准备清单（表 11-1）

表 11-1　工具、量具、刀具准备清单

序号	名称	规格	数量	备注
1	游标卡尺	0 ~ 150mm	1	—
2	千分尺	25 ~ 50mm	1	—
3	螺纹千分尺	25 ~ 50mm	1	—
4	半径量规	R1 ~ R6.5、R15 ~ R25	各 1	自制 R32 半径量规
5	内径量表	18 ~ 35mm	1	—
6	百分表及表座	0 ~ 10mm	1	—
7	端面车刀	—	1	—
8	外圆车刀	副偏角大于 30°	2	—
9	三角形螺纹车刀	刀尖角为 60°	1	—
10	切槽刀、切断刀	宽 4 ~ 5mm，长 25mm	1	—
11	镗孔刀	孔径 ϕ18mm，长 40mm	1	—
12	麻花钻	ϕ18mm	1	—
13	中心钻	A3 型	1	—
14	其他辅具	垫刀片若干、油石、0.2mm 厚铜皮等		
15		函数型计算器		
16		其他车工常用辅具		
17	材料	45 钢，ϕ50mm × 120mm		
18	数控系统	SINUMERIK、FANUC 或华中 HNC 数控系统		

（三）评分表（表11-2）

表11-2 评 分 表

数控车工职业技能（高级）操作技能评分表

单位：　　　　　　　　　　姓名：　　　　　　　　　　准考证号：

检测项目		技术要求	配分	评分标准	检测结果	得分
外圆	1	$\phi40_{-0.025}^{\ 0}$mm　$Ra1.6\mu m$	6/2	超差、降级无分		
	2	$\phi44_{-0.025}^{\ 0}$mm　$Ra1.6\mu m$	6/2	超差、降级无分		
	3	$\phi48_{-0.025}^{\ 0}$mm　$Ra1.6\mu m$	6/2	超差、降级无分		
	4	$\phi32\pm0.05$mm　$Ra1.6\mu m$	6/2	超差、降级无分		
内孔	5	$\phi24_{\ 0}^{+0.021}$mm　$Ra1.6\mu m$	6/2	超差、降级无分		
	6	$\phi28_{\ 0}^{+0.033}$mm　$Ra1.6\mu m$	6/2	超差、降级无分		
螺纹	7	M28×2-6g　中径	5	超差无分		
	8	M28×2-6g　两侧 $Ra3.2\mu m$	6	超差无分		
	9	M28×2-6g　牙型角	4	超差无分		
圆弧	10	$R3$mm	2	超差无分		
	11	$R15$mm、$R32$mm	3/3	超差无分		
长度	12	(20±0.05) mm	3	超差无分		
	13	(35±0.05) mm	3	超差无分		
	14	(68±0.05) mm	3	超差无分		
	15	(118±0.11) mm	3	超差无分		
其他	16	$C2$（2处）	4	超差无分		
	17	未注倒角 $C0.5$	2	超差无分		
	18	椭圆轮廓	6	超差无分		
	19	槽 5mm×2mm	2	超差无分		
	20	◎ | $\phi0.03$ | A	3	超差无分		
	21	安全文明生产		违反一项扣5分		
总配分			100	总得分		

零件名称	图号　11-1		加工日期　　年　月　日
加工开始　时　分	停工时间　　分钟	加工时间　180min	检测
加工结束　时　分	停工原因	实际时间	评分

样卷二　数控车工职业技能（高级）考核试卷 02

一、理论知识试卷

（一）单项选择题（第 1 题 ~ 第 60 题，选择一个正确的答案，将相应的字母填入括号中，每题 1 分，满分 60 分）

1. 职业道德不体现（　　）。

A. 从业者对所从事职业的态度　　B. 从业者的工资收入

C. 从业者的价值观　　D. 从业者的道德观

2. 忠于职守就是要求把自己（　　）的工作做好。

A. 道德范围内　B. 职业范围内　C. 生活范围内　D. 社会范围内

3. 下列孔与基准轴配合时，有可能组成过盈配合的是（　　）。

A. 孔的两个极限尺寸都大于公称尺寸

B. 孔的两个极限尺寸都小于公称尺寸

C. 孔的上极限尺寸大于公称尺寸，下极限尺寸小于公称尺寸

D. 孔的上极限尺寸等于公称尺寸，下极限尺寸小于公称尺寸

4. 在几何公差代号中，基准采用（　　）标注。

A. 小写拉丁字母　B. 大写拉丁字母　C. 数字　D. 数字符号并用

5. HT200 表示的是一种（　　）。

A. 黄铜　B. 合金钢　C. 灰铸铁　D. 化合物

6. 塑料按热性能不同可分为热塑性塑料和（　　）。

A. 冷塑性塑料　B. 冷固性塑料　C. 热固性塑料　D. 热柔性塑料

7. V 带的截面形状为梯形，与轮槽相接触的（　　）为工作面。

A. 所有表面　B. 底面　C. 两侧面　D. 单侧面

8. 游标卡尺上端的两个爪用来测量（　　）。

A. 内孔　B. 沟槽　C. 齿轮公法线长度　D. 外径

9. 用百分表测量时，测量杆与工件表面应（　　）。

A. 垂直　B. 平行　C. 相切　D. 相交

10. 减速器箱体为剖分式，其工艺过程的制订原则与整体式箱体（　　）。

A. 相似　B. 不同　C. 相同　D. 相反

11. 圆柱齿轮的传动精度要求有运动精度、（　　）接触精度等。

A. 几何精度　B. 平行度　C. 垂直度　D. 工作平稳性

12. 润滑剂有润滑油、润滑脂和（　　）。

A. 液体润滑剂　B. 固体润滑剂　C. 切削液　D. 润滑液

13. 麻花钻的顶角越小，则轴向力越小。刀尖角增大有利于（　　）。

A. 切削液进入 B. 排屑

C. 散热和提高钻头寿命 D. 降低表面粗糙度值

14. 扩孔的加工质量比钻孔高，常作为孔的（ ）。

A. 精加工 B. 半精加工

C. 粗加工 D. 半精加工和精加工

15. 当板牙套入工件2～3牙后，应及时从（ ）方向用直角尺进行检查，并不断校正至要求。

A. 前后 B. 左右 C. 前后、左右 D. 上下、左右

16. 熔断器额定电流的选择与（ ）无关。

A. 使用环境 B. 负载性质 C. 线路的额定电压 D. 开关的操作频率

17. 下列不属于岗位质量措施与责任的是（ ）。

A. 明确岗位质量责任制度

B. 岗位工作要按作业指导书进行

C. 明确上下工序之间相应质量问题的责任

D. 满足市场的需求

18. 加工箱体时，应先将箱体的（ ）加工好，然后以该面为基准加工各孔和其他高度方向的平面。

A. 底平面 B. 顶面 C. 基准孔 D. 安装孔

19. （ ）的画法是使轴测投影面平行于一个坐标平面，使投影方向倾斜于轴测投影面。

A. 立体图 B. 平面图 C. 斜二测 D. 正等测

20. 进给箱中的固定齿轮、滑移齿轮与支撑它们的传动轴大都采用（ ），个别齿轮采用平键或半圆键联接。

A. 花键联接 B. 过盈联接 C. 楔形键联接 D. 顶丝联接

21. 高温时效是将工件加热到（ ）℃，保温（ ）h，然后随炉冷却的过程。

A. 550，7 B. 650，5 C. 550，5 D. 800，7

22. 根据一定的试验资料和计算公式，对影响加工余量的因素进行逐次分析和综合计算，最后确定加工余量的方法是（ ）。

A. 分析计算法 B. 经验估算法 C. 查表修正法 D. 实践操作法

23. 经济型数控车床多采用（ ）刀架。

A. 立式转塔刀架 B. 卧式转塔刀架 C. 双回转刀架 D. 以上均可

24. （ ）的工件不适宜在数控车床上加工。

A. 普通车床难加工 B. 毛坯余量不稳定 C. 精度高 D. 形状复杂

25. 在数控加工中，刀具刀位点相对于（ ）运动的轨迹称为进给路线，它是编程的重要依据。

A. 机床 B. 夹具 C. 工件 D. 导轨

26. 在数控车床上安装工件，当工件批量较大时，应尽量采用（ ）夹具。

A. 组合夹具 B. 手动夹具 C. 专用夹具 D. 通用夹具

27. （ ）不适合将复杂加工程序输入到数控装置。

A. 纸带　B. 磁盘　C. 计算机　D. 键盘

28. 在 FANUC 系统中，G90 是（　）切削循环指令。

A. 螺纹　B. 端面　C. 外圆　D. 复合

29. 在 FANUC 系统中，（　）指令在编程中用于车削余量大的内孔。

A. G70　B. G94　C. G90　D. G92

30. 程序段 G90　X52　Z-100　F0.3　X48 的含义是（　）。

A. 车削 100mm 长的圆锥

B. 车削 100mm 长、大端直径为 52mm 的圆锥

C. 分两刀车削出直径为 48mm，长度为 100mm 的圆柱

D. 车削 100mm 长、小端直径为 48mm 的圆锥

31. 在 FANUC 系统中，G92 是（　）指令。

A. 绝对坐标　B. 外圆循环　C. 螺纹循环　D. 相对坐标

32. 在 FANUC 系统中，G94 是（　）指令。

A. 螺纹循环　B. 外圆循环　C. 端面循环　D. 相对坐标

33. 在程序段 G70　P10　Q20 中，P10 的含义是（　）。

A. X 轴移动 10mm

B. Z 轴移动 10mm

C. 精加工循环的最后一个程序段的程序号

D. 精加工循环的第一个程序段的程序号

34. 在 G74　X60　Z-100　P5　Q20　F0.3 程序格式中，（　）表示 Z 轴方向上的间断走刀长度。

A. 0.3　B. 20　C. -100　D. 60

35. G75 指令主要用于（　）的加工，以便断屑和排屑。

A. 切槽　B. 钻孔　C. 棒料　D. 间断端面

36. 螺纹加工时，使用（　）指令可简化编程。

A. G73　B. G74　C. G75　D. G76

37. FANUC 系统中的（　）指令表示主轴停止。

A. M05　B. M02　C. M03　D. M04

38. 在 FANUC 系统中，M09 指令是（　）指令。

A. 夹盘松　B. 切削液开　C. 切削液关　D. 空气开

39. 在 FANUC 系统中，（　）指令是主程序结束指令。

A. M02　B. M00　C. M03　D. M30

40. 在 FANUC 系统中，（　）指令是子程序结束指令。

A. M33　B. M99　C. M98　D. M32

41. 当 NC 出现故障时，NC 故障灯闪烁，此时应检查屏幕上（　）的报警内容。

A. ALARM　B. GRAPH　C. PAPAM　D. MACRO

42. 数控车床导套装置是需要（　）检查保养的内容。

A. 每天　B. 每周　C. 每个月　D. 每年

43. 在程序段 G72　P0035　Q0060　U4.0　W2.0　S500 中，Q0060 的含义是（　）。

A. 精加工路径的最后一个程序段顺序号　B. 最高转速
C. 进给量　D. 精加工路径的第一个程序段顺序号

44. 程序段 G73　P0035　Q0060　U1.0　W0.5　F0.3 是（　　）循环指令。
A. 精加工　B. 外径粗加工　C. 端面粗加工　D. 固定形状粗加工

45. 在程序段 G75　X20.0　P5.0　F0.15 中，X20.0 的含义是（　　）。
A. 沟槽深度　B. X 的退刀量　C. 沟槽直径　D. X 的进给量

46. 数控车床手动进给时，模式选择开关应置于（　　）。
A. JOG FEED　B. RELEASE　C. ZERO RETURN　D. HANDLE FEED

47. 数控车床处于自动状态时，模式选择开关应置于（　　）。
A. AUTO　B. PRGRM　C. ZERO RETURN　D. HANDLE FEED

48. 数控车床处于编辑状态时，可以对程序进行（　　）。
A. 修改　B. 删除　C. 输入　D. 以上均可

49. 数控车床回零时，应（　　）回零。
A. X，Z 同时　B. 先刀架　C. 先 Z，后 X　D. 先 X，后 Z

50. 数控车床快速进给速率选择开关的英文是（　　）。
A. FEED RATE　B. EMERGENCY STOP
C. RAPID TRAVERSE　D. HAND LEFEED

51. 当数控车床手动脉冲发生器的选择开关位置在 X10 时，手轮的进给单位是(　　)。
A. 0.01mm/格　B. 0.001mm/格　C. 0.1mm/格　D. 1mm/格

52. 当数控车床的切削液开关处于 M CODE 位置时，是由（　　）控制切削液的开关。
A. 关闭　B. 手动　C. 程序　D. M08

53. 当数控车床的程序保护开关处于（　　）位置时，可以对程序进行编辑。
A. ON　B. IN　C. OUT　D. OFF

54. 当数控车床的单段执行开关处于（　　）位置时，程序连续执行。
A. OFF　B. ON　C. IN　D. SINGLE BLOCK

55. 当数控车床的块删除开关处于 BLOCK DELETE 时，程序执行（　　）。
A. 所有命令　B. 带有“/”的语句
C. 没有“/”的语句　D. 不能判断

56. 使用分度头检验轴径夹角误差的计算公式是 $\sin\Delta\theta = \Delta L/R$。式中（　　）是两曲轴轴径中心的高度差。
A. ΔL　B. R　C. $\Delta L/R$　D. L/R

57. 将两半箱体通过定位部分或定位元件合为一体，将检验棒插入基准孔和被测孔，如果检验棒能自由通过，则说明（　　）符合要求。
A. 圆度　B. 圆柱度　C. 平行度　D. 同轴度

58. 对于测量精度不高的（　　），可用齿厚游标卡尺测量齿厚。
A. 梯形螺纹　B. 三角螺纹　C. 蜗杆　D. 管螺纹

59. 用仿形法车削圆锥时产生锥度（角度）误差的原因是（　　）。
A. 顶尖顶得过紧　B. 工件长度不一致
C. 车刀装得不对中心　D. 靠模板角度调整不正确

60. 车削蜗杆时，刻度盘使用不当会使蜗杆（　　）产生误差。

A. 大径　　B. 分度圆直径　　C. 齿形角　　D. 表面粗糙度

（二）**判断题**（第61题～第100题，将判断结果填入括号中，正确的填“✓”，错误的填“×”，每题1分，满分40分）

61. 从业者要遵守国家法纪，但不必遵守安全操作规程。（　　）

62. 具有高度的责任心应做到工作勤奋努力，精益求精，尽职尽责。（　　）

63. 工具、卡具、刀具、量具要放在工作台上。（　　）

64. 只要是线性尺寸的一般公差，则其在加工精度上没有区分。（　　）

65. 带传动由齿轮和带组成。（　　）

66. 刀具材料的基本要求是具有良好的工艺性和耐磨性。（　　）

67. 碳素工具钢和合金工具钢的特点是耐热性好，抗弯强度高，价格便宜等。（　　）

68. 铣刀是一种多齿刀具。（　　）

69. 从零件的标题栏可以知道该零件的名称、数量、材料及热处理要求。（　　）

70. 进给箱的功用是支撑主轴并使其实现起动、停止、变速和换向等。（　　）

71. 为了提高主轴箱中较长的传动轴的刚度，可以采用三支撑结构。（　　）

72. 进给箱的功用是把交换齿轮箱传来的运动，通过改变箱内滑移齿轮的位置，变速后传给丝杠或光杠，以满足车削外圆和机动进给的需要。（　　）

73. 识读装配图的步骤是识读标题栏、明细表、视图配置、标注尺寸、技术要求。（　　）

74. 在精密丝杠的加工工艺中，要求锻造工件毛坯，目的是使材料晶粒细化、组织紧密、碳化物分布均匀，可提高材料的强度。（　　）

75. 车间管理条例不是工艺规程的主要内容。（　　）

76. 直接改变原材料、毛坯等生产对象的形状、尺寸和性能，使之变为成品或半成品的过程称生产过程。（　　）

77. 当液压卡盘的夹紧力不足时，应加大液压缸压力，并设法改善卡盘的润滑状况。（　　）

78. 用数控车床液压卡盘配车卡爪时，应在受力状态下进行。（　　）

79. 使用数控顶尖的过程中应注意的是不准随意敲打、拆卸和扭紧压盖，以免损坏其精度。（　　）

80. 为保证数控自定心中心架夹紧零件的中心与机床主轴中心重合，须使用试棒和百分表进行调整。（　　）

81. 数控车床的内孔车刀通过定位环安装在转塔刀架的转塔刀盘上。（　　）

82. 已知两圆的方程，需联立两圆的方程求两圆交点，如果判别式 $\Delta > 0$，则说明两圆弧有两个交点。（　　）

83. 聚晶金刚石刀具只用于加工有色金属材料和非金属材料。（　　）

84. 在加工过程中，如果刀具磨损但能够继续使用，为了不影响工件的尺寸精度，应该进行刀具磨损补偿。（　　）

85. 刀具长度补偿指令G43是将H代码指定的已存入偏置器中的偏置值加到运动指令终点坐标去。（　　）

86. 使用子程序的目的和作用是简化编程。（ ）

87. 用近似计算法逼近零件轮廓时产生的误差称为一次逼近误差，它出现在用直线或圆弧逼近零件轮廓的情况中。（ ）

88. 在 G75 X80 Z－120 P10 Q5 R1 F0.3 程序格式中，80 表示台阶直径。（ ）

89. FANUC 系统中的 M33 指令是尾座顶尖后退指令。（ ）

90. 数控车床主轴传动 V 带是需要每六个月检查保养的内容。（ ）

91. 数控车床卡盘夹紧力的大小靠溢流阀调整。（ ）

92. 当液压系统中的单出杆液压缸无杆腔进液压油时，推力小，速度高。

93. 在程序段 G71 P0035 Q0060 U4.0 W2.0 S500 中，U4.0 的含义是 X 轴方向的精加工余量（半径值）。（ ）

94. 程序段 G74 Z－80.0 Q20.0 F0.15 是间断纵向切削循环指令。（ ）

95. 检验深孔件形状精度最常用的方法是比较法。（ ）

96. 双偏心工件通过偏心部分最高点之间的距离来检验偏心部分与基准部分轴线间的关系。（ ）

97. 检验箱体工件上的立体交错孔的垂直度时，在基准检验棒上装一百分表，测头顶在检验棒的圆柱面上，旋转90°后再测，即可确定两孔轴线在测量长度内的垂直度误差。（ ）

98. 当前后顶尖不同轴时，车削轴类零件会产生尺寸误差。（ ）

99. 铰孔时，如果车床尾座偏移，则铰出孔的孔口会扩大。（ ）

100. 加工箱体类零件上的孔时，刀杆刚性差会使平行孔的平行度产生误差。（ ）

参考答案

（一）单项选择题

1. B	2. B	3. B	4. B	5. C	6. C	7. C	8. A
9. A	10. C	11. D	12. B	13. C	14. B	15. C	16. D
17. D	18. A	19. C	20. A	21. A	22. A	23. A	24. B
25. C	26. C	27. D	28. C	29. C	30. C	31. C	32. C
33. D	34. B	35. D	36. D	37. A	38. C	39. D	40. B
41. A	42. C	43. A	44. D	45. C	46. D	47. A	48. D
49. D	50. C	51. A	52. C	53. D	54. A	55. C	56. A
57. D	58. C	59. D	60. B				

（二）判断题

61. ×	62. ✓	63. ×	64. ×	65. ×	66. ×	67. ×	68. ✓
69. ×	70. ×	71. ✓	72. ×	73. ✓	74. ✓	75. ✓	76. ×
77. ×	78. ✓	79. ✓	80. ✓	81. ×	82. ✓	83. ✓	84. ✓
85. ✓	86. ✓	87. ✓	88. ×	89. ✓	90. ✓	91. ×	92. ×
93. ×	94. ✓	95. ×	96. ✓	97. ×	98. ×	99. ✓	100. ×

二、操作技能试卷

（一）零件图（图 11-2）

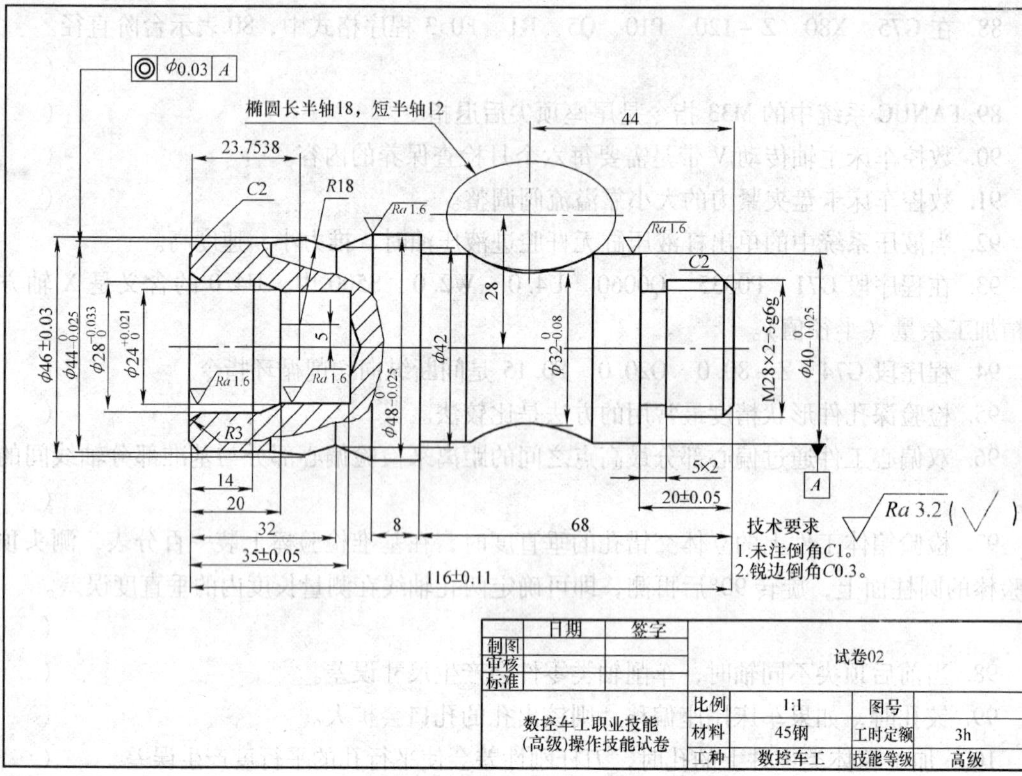

图 11-2 零件图

（二）工具、量具、刀具准备清单（表 11-3）

表 11-3 工具、量具、刀具准备清单

序号	名 称	规 格	数 量	备 注
1	游标卡尺	0～150mm	1	—
2	千分尺	25～50mm	1	—
3	螺纹千分尺	25～50mm	1	—
4	半径量规	R1～R6.5、R15～R25	各 1	—
5	内径量表	18～35mm	1	—
6	百分表及表座	0～10mm	1	—
7	端面车刀	—	1	—
8	外圆车刀	副偏角大于 30°	2	—
9	三角形螺纹车刀	刀尖角为 60°	1	—
10	切槽刀、切断刀	宽 4～5mm，长 25mm	1	—
11	镗孔刀	孔径 φ18mm，长 40mm	1	—
12	麻花钻	φ18mm	1	—
13	中心钻	A3 型	1	—
14	其他辅具	垫刀片若干、油石、0.2mm 厚铜皮等		
15		函数型计算器		
16		其他车工常用辅具		
17	材料	45 钢 φ50mm×120mm		
18	数控系统	SINUMERIK、FANUC 或华中 HNC 数控系统		

（三）评分表（表11-4）

表11-4　评　分　表

数控车工职业技能(高级)操作技能评分表

单位：　　　　　　　　　　　姓名：　　　　　　　　　　　准考证号：

检测项目		技术要求		配分	评分标准	检测结果	得分
外圆	1	$\phi32_{-0.08}^{\ 0}$mm		5	超差、降级无分		
	2	$\phi40_{-0.025}^{\ 0}$mm	$Ra1.6\mu m$	5/2	超差、降级无分		
	3	$\phi48_{-0.025}^{\ 0}$mm	$Ra1.6\mu m$	5/2	超差、降级无分		
	4	$\phi44_{-0.025}^{\ 0}$mm	$Ra1.6\mu m$	5/2	超差、降级无分		
	5	$\phi(46\pm0.03)$mm		5	超差、降级无分		
螺纹	6	M28×2－6g	中径	6	超差无分		
	7	M28×2－6g	两侧 $Ra3.2\mu m$	2/1	降级无分		
	8	M28×2－6g	牙型角	2	不符无分		
圆弧	9	$R3$mm		2	超差无分		
	10	$R18$mm		2	超差无分		
	11	23.7538mm		2	超差无分		
	12	44　28		2/2	超差无分		
	13	椭圆轮廓		8	超差无分		
内孔	14	$\phi24_{\ 0}^{+0.021}$mm	$Ra1.6\mu m$	5/2	超差、降级无分		
	15	$\phi28_{\ 0}^{+0.033}$mm	$Ra1.6\mu m$	5/2	超差、降级无分		
长度	16	10mm		2	超差无分		
	17	14mm		2	超差无分		
	18	20mm		2	超差无分		
	19	(35 ± 0.03)mm		2	超差无分		
	20	(20 ± 0.05)mm		2	超差无分		
	21	(116 ± 0.11)mm		3	超差无分		
	22	5mm×2mm		6	超差无分		
其他	23	◎ | $\phi0.05$ | A		5	越差无分		
	24	安全文明生产			违反一项扣5分		
总　配　分				100	总得分		

零件名称		图号11-2	加工日期　年　月　日
加工开始　时　分	停工时间　分钟	加工时间180min	检测
加工结束　时　分	停工原因	实际时间	评分

样卷三　数控车工职业技能（高级）考核试卷03

一、理论知识试卷

（一）单项选择题（第1题~第60题，选择一个正确的答案，将相应的字母填入括号中，每题1分，满分60分）

1. 职业道德的实质内容是（　　）。

A. 改善个人生活　　B. 增加社会财富

C. 树立全新的社会主义劳动态度　　D. 增强竞争意识

2. 爱岗敬业是对从业人员（　　）的首要要求。

A. 工作态度　　B. 工作精神　　C. 工作能力　　D. 以上均可

3. 不爱护设备的做法是（　　）。

A. 保持设备清洁　　B. 正确使用设备　　C. 自己修理设备　　D. 及时保养设备

4. 关于表面粗糙度符号、代号在图样上的标注，下列说法中错误的是（　　）。

A. 符号的尖端必须由材料内指向表面

B. 代号中数字的注写方向必须与尺寸数字方向一致

C. 同一图样上，每一表面一般只标注一次符号、代号

D. 表面粗糙度符号、代号在图样上一般注在可见轮廓线、尺寸线、引出线或它们的延长线上。

5. （　　）由主动齿轮、从动齿轮和机架组成。

A. 齿轮传动　　B. 蜗杆传动　　C. 带传动　　D. 链传动

6. 按螺旋副的摩擦性质，螺旋传动可分为滑动螺旋传动和（　　）传动两种类型。

A. 移动螺旋　　B. 滚动螺旋　　C. 摩擦螺旋　　D. 传动螺旋

7. 切削时，切削刃会受到很大的压力和冲击力，因此刀具必须具备足够的（　　）。

A. 硬度　　B. 强度和韧性　　C. 工艺性　　D. 耐磨性

8. （　　）是在钢中加入较多的钨、钼、铬、钒等合金元素，用于制造形状复杂的切削刀具。

A. 硬质合金　　B. 高速钢　　C. 合金工具钢　　D. 碳素工具钢

9. 千分尺测微螺杆上螺纹的螺距为（　　）mm。

A. 0.1　　B. 0.01　　C. 0.5　　D. 1

10. 游标万能角度尺在（　　）范围内，应装上角尺。

A. 0°~50°　　B. 50°~140°　　C. 140°~230°　　D. 230°~320°

11. 减速器箱体为剖分式，其工艺过程的制订原则与整体式箱体（　　）。

A. 相似　　B. 不同　　C. 相同　　D. 相反

12. 加工箱体的重要表面时，要划分（　　）两个阶段。

A. 粗、精加工　　B. 基准与非基准　　C. 大与小　　D. 内与外

13. 使用时锉刀不可（　　）。

A. 作撬杠用　　B. 作撬杠和锤子用

C. 作锤子用　　D. 侧面

14. 三头蜗杆的（　　）常采用主视图、断面图（移出断面）和局部放大的表达方法。

A. 零件图　　B. 工序图　　C. 原理图　　D. 装配图

15. 从蜗杆零件的（　　）可以知道该零件的名称、头数、材料及比例。

A. 装配图　　B. 标题栏　　C. 断面图　　D. 技术要求

16. 进给箱的功用是把交换齿轮箱传来的运动，通过改变箱内滑移齿轮的位置，变速后传给丝杠或光杠，以满足车削（　　）和机动进给的需要。

A. 孔　　B. 圆锥　　C. 成形面　　D. 螺纹

17. 在进给箱内的基本变速机构中，每个滑移齿轮应和相邻的一个固定齿轮啮合，而且要保证在同一时刻内四个滑移齿轮和八个固定齿轮中的（　　）是相互啮合的。

A. 一组　　B. 两组　　C. 三组　　D. 全部

18. 精密丝杠的加工工艺要求（　　），目的是使材料晶粒细化、组织紧密、碳化物分布均匀，可提高材料的强度。

A. 充分冷却　　B. 校直　　C. 锻造毛坯　　D. 球化退火

19. 装夹（　　）时，夹紧力的作用点应尽量靠近加工表面。

A. 箱体零件　　B. 细长轴　　C. 深孔　　D. 盘类零件

20. 在一定的生产条件下，以最少的劳动消耗和最低的成本费用，按生产计划的规定生产出合格的产品，是（　　）应遵循的原则。

A. 选用工艺装备　　B. 制订工艺规程

C. 制定工时定额　　D. 选择切削用量

21. 由于数控车床主轴转速较高，所以多采用（　　）高速动力卡盘。

A. 气压　　B. 液压　　C. 机械　　D. 螺旋

22. 为保证数控自定心中心架夹紧零件的中心与机床主轴中心重合，须使用（　　）调整。

A. 杠杆表和百分表　　B. 试棒和百分表

C. 千分尺和试棒　　D. 千分尺和杠杆百分表

23. 数控车床转塔刀架的机械结构（　　），使用中故障率（　　），因此在使用维护中要足够重视。

A. 复杂，相对较高　　B. 简单，相对较高

C. 简单，相对较低　　D. 复杂，相对很低

24. 对于数控加工的零件，零件图上应直接给出（　　），以便于尺寸间的互相协调。

A. 局部尺寸　　B. 整体尺寸　　C. 坐标尺寸　　D. 无法判断

25. 在数控机床上加工加工内容不多，加工完后就能达到待检状态的工件时，可按（　　）划分工序。

A. 定位方式　　B. 所用刀具　　C. 粗、精加工　　D. 加工部位

26. 在数控加工中，（　　）不是确定进给路线的原则。

A. 保证精度　　B. 提高效率
C. 提高精度　　D. 简化编程

27. 以下（　　）不是选择进给量的主要依据。
A. 工件加工精度　　B. 工件表面粗糙度
C. 机床精度　　D. 工件材料

28. 根据 ISO 标准，取消刀具补偿用（　　）指令表示。
A. G42　　B. G41　　C. G40　　D. G43

29. 刀具长度补偿指令 G43 是将（　　）代码指定的已存入偏置器中的偏置值加到运动指令终点坐标。
A. K　　B. J　　C. I　　D. H

30. 平面轮廓表面的零件宜采用数控（　　）加工。
A. 铣床　　B. 车床　　C. 机床　　D. 加工中心

31. 在程序段 G90　X52　Z－100　R5　F0.3 中，R5 的含义是（　　）。
A. 进给量　　B. 圆锥大、小端的直径差
C. 圆锥大、小端直径差的一半　　D. 退刀量

32. 在 FANUC 系统中，（　　）是螺纹循环指令。
A. G32　　B. G23　　C. G92　　D. G90

33. G71 指令是外径粗加工循环指令，主要用于（　　）毛坯的粗加工。
A. 锻造　　B. 棒料　　C. 铸造　　D. 固定形状

34. （　　）指令是端面粗加工循环指令，主要用于棒料毛坯的端面粗加工。
A. G70　　B. G71　　C. G72　　D. G73

35. 在 G72P（ns）Q（nf）U（Δu）W（Δw）S500 程序格式中，（　　）表示精加工路径的第一个程序段顺序号。
A. Δw　　B. ns　　C. Δu　　D. nf

36. 加工间断端面时，使用（　　）指令可简化编程，利于排屑。
A. G72　　B. G73　　C. G74　　D. G75

37. 在 G75　X80　Z－120　P10　Q5　R1　F0.3 程序格式中，（　　）表示台阶直径。
A. －120　　B. 80　　C. 5　　D. 10

38. 在 FANUC 系统中，（　　）表示主轴正转。
A. M04　　B. M01　　C. M03　　D. M05

39. 在 FANUC 系统中，（　　）指令是切削液停指令。
A. M08　　B. M02　　C. M09　　D. M06

40. 在 FANUC 系统中，（　　）指令是 X 轴镜像指令。
A. M06　　B. M10　　C. M21　　D. M22

41. 在 FANUC 系统中，M98 指令是（　　）指令。
A. 主轴低速范围　　B. 调用子程序　　C. 主轴高速范围　　D. 子程序结束

42. 当 NC 出现故障时，NC 故障灯闪烁。此时应检查屏幕上（　　）的报警内容。
A. ALARM　　B. GRAPH　　C. PAPAM　　D. MACRO

43. 数控车床主轴传动 V 带是需要（　　）检查保养的内容。

A. 每天　　B. 每周　　C. 每个月　　D. 每六个月

44. 当液压系统中的单出杆液压缸无杆腔进液压油时，推力（　　），速度（　　）。

A. 小，低　　B. 大，高　　C. 大，低　　D. 小，高

45. G71 指令是（　　）循环指令。

A. 精加工　　B. 外径粗加工

C. 端面粗加工　　D. 固定形状粗加工

46. 程序段 G72　P0035　Q0060　U4.0　W2.0　S500 是（　　）循环指令。

A. 精加工　　B. 外径粗加工

C. 端面粗加工　　D. 固定形状粗加工

47. 在程序段 G73　P0035　Q0060　U1.0　W0.5　F0.3 中，Q0060 的含义是（　　）。

A. 精加工路径的最后一个程序段顺序号　　B. 最高转速

C. 进给量　　D. 精加工路径的第一个程序段顺序号

48. 在程序段 G74　Z-80.0　Q20.0　F0.15 中，（　　）的含义是钻孔深度。

A. Z-80.0　　B. Q20.0　　C. F0.15　　D. G74

49. 数控车床紧急停止按钮按下后，消除的方法是按下（　　）按钮。

A. CYCLE　　B. RESET　　C. POWER　　D. START

50. 数控车床手动进给时，模式选择开关应置于（　　）。

A. JOG FEED　　B. RELEASE　　C. MDI　　D. HANDLE FEED

51. 数控车床手动数据输入时，可输入单一命令，按下（　　）键使车床动作。

A. 快速进给　　B. 循环启动　　C. 回零　　D. 手动进给

52. 数控车床（　　）时，要使用解除模式。

A. 自动状态　　B. 手动数据输入　　C. 回零　　D. X、Z 超程

53. 当数控车床的手动脉冲发生器的选择开关位置在 X10 时，手轮的进给单位是（　　）。

A. 0.01mm/格　　B. 0.001mm/格　　C. 0.1mm/格　　D. 1mm/格

54. 数控车床机床锁定开关的英文是（　　）。

A. SINGLE BLOCK　　B. MACHINE LOCK　　C. DRY RUN　　D. POSITION

55. 使用量块检验轴径夹角误差时，量块高度的计算公式是（　　）。

A. $h=M-0.5(D+d)-R\sin\theta$　　B. $h=M-0.5(D-d)-R\sin\theta$

C. $h=M+0.5(D+d)-R\sin\theta$　　D. $h=M-0.5(D+d)+R\sin\theta$

56. 检验箱体工件上的立体交错孔的垂直度时，在基准检验棒上装一百分表，测头顶在检验棒的圆柱面上，旋转（　　）后再测，即可确定两孔轴线在测量长度内的垂直度误差。

A. 60°　　B. 360°　　C. 180°　　D. 270°

57. 测量精度不高的蜗杆时，可用（　　）测量齿厚。

A. 公法线千分尺　　B. 螺纹千分尺　　C. 齿厚游标卡尺　　D. 游标卡尺

58. 车削轴类零件时，如果车床（　　），滑板镶条太松，传动零件不平衡，则在车削过程中会引起振动，使工件表面粗糙度达不到要求。

A. 精度低　　B. 导轨不直　　C. 刚性差　　D. 误差大

59. 用仿形法车削圆锥时产生（　　）误差的原因是靠模板角度调整不正确。

A. 尺寸　　B. 形状　　C. 位置　　D. 锥度（角度）

60. 车削箱体类零件上的孔时，如果车刀磨损，车出的孔会产生（　　）误差。

A. 轴线的直线度　　B. 圆柱度　　C. 圆度　　D. 同轴度

（二）**判断题**（第61题~第100题，将判断结果填入括号中，正确的填“✓”，错误的填“×”，每题1分，满分40分）

61. 从业者必须具备遵纪守法、廉洁奉公的道德品质。（　　）

62. 具有高度的责任心，应做到工作勤奋努力，精益求精，尽职尽责。（　　）

63. 在尺寸符号 ϕ50F8 中，公差代号是50F8。（　　）

64. 基准孔的公差带可以在零线下侧。（　　）

65. 不锈钢属于特殊性能钢。（　　）

66. 合金调质钢中碳的质量分数一般为0.25%~0.50%。（　　）

67. 游标万能角度尺的分度值是2′。（　　）

68. 常用的固体润滑剂有石墨、二硫化钼、锂基润滑脂等。（　　）

69. 划线盘划针的直头端用来划线，弯头端用于对工件安放位置的找正。（　　）

70. 分度头蜗轮蜗杆的传动比是1/20。（　　）

71. 直流电动机多用于要求在大范围内平滑调速的生产机械。（　　）

72. 岗位的质量要求不包括工作内容、工艺规程、参数控制等。（　　）

73. 斜二测的画法是轴测投影面平行于一个坐标平面，投影方向平行于轴测投影面时，即可得到斜二测轴测图。（　　）

74. 主轴箱中空套齿轮与传动轴之间可以装有滚动轴承，也可以装有铜套，用于减少零件的磨损。（　　）

75. 为了提高主轴箱中较长的传动轴的精度，可以采用三支撑结构。（　　）

76. 识读装配图的步骤是识读标题栏、明细表、视图配置、标注尺寸、技术要求。（　　）

77. 机械加工工艺手册是规定产品或零部件制造工艺过程和操作方法的工艺文件。（　　）

78. 毛坯的材料、种类及外形尺寸不是工艺规程的主要内容。（　　）

79. 数控车床液压卡盘在配车卡爪时，应在受力状态下进行。（　　）

80. 使用数控顶尖的过程中，应注意的是不准随意敲打、拆卸和扭紧压盖，以免损坏其精度。（　　）

81. 数控车床的内孔车刀通过定位环安装在转塔刀架的转塔刀盘上。（　　）

82. 在平面直角坐标系中，圆的方程是 $(X-30)^2+(Y-25)^2=15^2$，则此圆的半径为15。（　　）

83. 在FANUC系统中，I、K的含义是圆弧的圆心坐标。（　　）

84. 用近似计算法逼近零件轮廓时产生的误差称为一次逼近误差，它出现在用直线或圆弧逼近零件轮廓的情况中。（　　）

85. 在FANUC系统中，G90是外圆切削循环指令。（　　）

86. 在G73P（ns）Q（nf）U（Δu）W（Δw）S500程序格式中，Δu表示X轴方向上的精加工余量。（　　）

87. G74 指令是间断纵向加工循环指令，主要用于钻孔加工。（　）

88. 在 FANUC 系统中，M20 指令是切削液关指令。（　）

89. 数控车床主轴运转情况是需要每年检查保养的内容。（　）

90. 数控车床液压系统中的液压泵不能作为液压马达使用。（　）

91. 在程序段 G75　X20.0　P5.0　F0.15 中，X20.0 的含义是沟槽直径。（　）

92. 数控车床处于自动状态时可完成手动进给工作。（　）

93. 当数控车床的切削液开关处于 COOLANT ON 位置时，可由手动控制切削液的开关。（　）

94. 数控车床的单段执行开关处于 SINGLE BLOCK 时，程序连续执行。（　）

95. 数控车床的块删除开关处于 BLOCK DELETE 时，程序执行带有“/”的语句。（　）

96. 使用塞规可以测量深孔件的圆柱度误差。（　）

97. 双偏心工件通过偏心部分最高点之间的距离来检验偏心部分与基准部分轴线间的关系。（　）

98. 如果两半箱体的同轴度要求不高，可以在两被测孔中插入检验棒，将百分表固定在其中一个检验棒上，百分表测头触在另一孔的检验棒上，百分表转动一周得到的读数就是同轴度误差。（　）

99. 用心轴装夹车削套类工件时，如果心轴本身的同轴度超差，则车出的工件会产生尺寸精度误差。（　）

100. 车削螺纹时，车床主轴的径向跳动会使螺纹的局部螺距产生误差。（　）

参考答案

（一）单项选择题

1. C	2. A	3. C	4. A	5. A	6. B	7. B	8. B
9. C	10. C	11. C	12. A	13. B	14. A	15. B	16. D
17. A	18. C	19. A	20. B	21. B	22. B	23. A	24. C
25. A	26. C	27. C	28. C	29. D	30. A	31. C	32. C
33. B	34. C	35. B	36. D	37. B	38. C	39. C	40. C
41. B	42. A	43. D	44. C	45. B	46. C	47. A	48. A
49. B	50. D	51. B	52. D	53. A	54. B	55. A	56. C
57. C	58. C	59. D	60. B				

（二）判断题

61. √	62. √	63. ×	64. ×	65. √	66. √	67. √	68. ×
69. √	70. ×	71. √	72. ×	73. ×	74. ×	75. ×	76. √
77. ×	78. ×	79. √	80. √	81. ×	82. √	83. ×	84. √
85. √	86. √	87. √	88. ×	89. ×	90. ×	91. √	92. ×
93. √	94. ×	95. ×	96. ×	97. √	98. ×	99. ×	100. ×

二、操作技能试卷

（一）零件图（图 11-3）

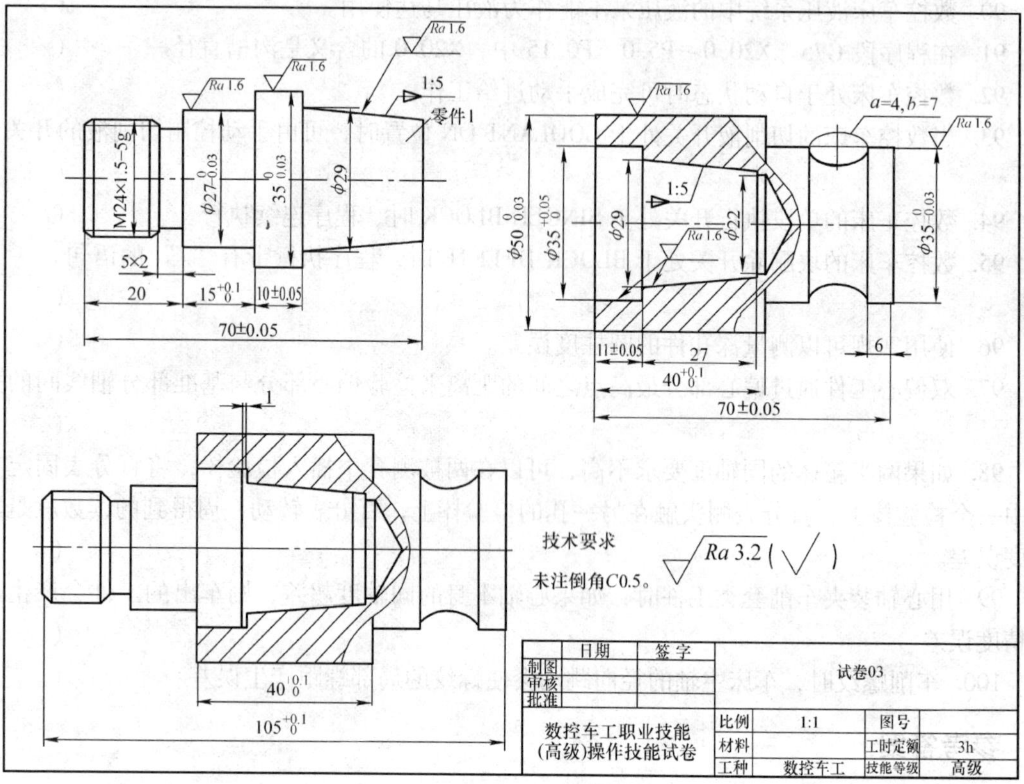

图 11-3　零件图

（二）工具、量具、刀具准备清单（表 11-5）

表 11-5　工具、量具、刀具准备清单

序号	名　称	规　格	数　量	备　注
1	游标卡尺	0～150mm	1	—
2	千分尺	25～50mm	1	—
3	螺纹千分尺	0～25mm	1	—
4	游标万能角度尺	0°～320°	1	—
5	内径量表	18～35mm	1	—
6	百分表及表座	0～10mm	1	—
7	端面车刀	—	1	—
8	外圆车刀	副偏角大于 30°	2	—
9	三角形螺纹车刀	刀尖角为 60°	1	—
10	切槽刀、切断刀	宽 4～5mm，长 25mm	1	—
11	镗孔刀	孔径 ϕ18mm，长 40mm	1	—
12	麻花钻	ϕ18	1	—
13	中心钻	A3 型	1	—
14	其他辅具	垫刀片若干、油石、0.2mm 厚铜皮等		
15		函数型计算器		
16		其他车工常用辅具		
17	材料	45 钢，ϕ55mm × 150mm		
18	数控系统	SINUMERIK、FANUC 或华中 HNC 数控系统		

（三）评分表（表11-6）

表11-6　评　分　表

数控车工职业技能（高级）操作技能评分表

单位：　　　　　　　　　　　　姓名：　　　　　　　　　　　　准考证号：

检测项目			技术要求	配分	评分标准	检测结果	得分
零件一	外圆	1	$\phi 27_{-0.03}^{0}$ mm　$Ra1.6\mu m$	5/2	超差、降级无分		
		2	$\phi 35_{-0.03}^{0}$ mm　$Ra1.6\mu m$	5/2	超差、降级无分		
		3	1.5　$Ra1.6\mu m$	5/2	超差、降级无分		
	螺纹	4	M24×1.5－5g　中径	6	超差无分		
		5	M24×1.5－5g　两侧 $Ra3.2\mu m$	4	降级无分		
		6	M24×1.5－5g　牙型角	2	不符合无分		
	沟槽	7	5mm×2mm	3	超差无分		
	长度	8	(10±0.05)mm	3	超差无分		
		9	$15_{0}^{+0.1}$ mm	2	超差无分		
		10	20mm	2	超差无分		
		11	70±0.05mm	3	超差无分		
	其他	12	未注倒角	2	超差无分		
零件二	外圆	13	$\phi 35_{-0.03}^{0}$ mm　$Ra1.6\mu m$	5/2	超差、降级无分		
		14	$\phi 50_{-0.03}^{0}$ mm　$Ra1.6\mu m$	5/2	超差、降级无分		
	内孔	15	$\phi 35_{0}^{+0.05}$ mm　$Ra1.6\mu m$	5/2	超差、降级无分		
		16	1:5　$Ra1.6\mu m$	5/2	超差、降级无分		
	长度	17	6mm	2	超差无分		
		18	(11±0.05)mm	3	超差无分		
		19	$40_{0}^{+0.1}$ mm	2	超差无分		
		20	(70±0.05)mm	3	超差无分		
	其他	21	椭圆轮廓　$Ra1.6\mu m$	5/2	超差无分		
		22	未注倒角	2	超差无分		
配合		23	1mm	1	超差无分		
		24	$40_{0}^{+0.1}$ mm	2	超差无分		
		25	$105_{0}^{+0.1}$ mm	2	超差无分		
		26	安全文明生产		违反一项扣5分		
总　配　分				100	总　得　分		

零件名称		图号　11-3	加工日期 年　　月　　日
加工开始　　时　　分	停工时间　　分钟	加工时间180min	检测
加工结束　　时　　分	停工原因	实际时间	评分

样卷四　数控车工职业技能（高级）考核试卷 04

一、理论知识试卷

（一）单项选择题（第 1 题 ~ 第 60 题，选择一个正确的答案，将相应的字母填入括号中，每题 1 分，满分 60 分）

1. 下列违反安全操作规程的是（　　）。

A. 执行国家劳动保护政策　　B. 使用不熟悉的机床和工具

C. 遵守安全操作规程　　D. 执行国家安全生产的法令、规定

2. 保持工作环境清洁有序不正确的是（　　）。

A. 随时清除油污和积水　　B. 通道上少放物品

C. 整洁的工作环境可以振奋职工精神　　D. 毛坯、半成品按规定堆放整齐

3. 用以判别具有表面粗糙度特征的一段基准长度称为（　　）。

A. 基本长度　B. 评定长度　C. 取样长度　D. 轮廓长度

4. 回火的目的之一是（　　）。

A. 粗化晶粒　B. 提高钢的密度　C. 提高钢的熔点　D. 防止工件变形

5. 千分尺读数时（　　）。

A. 不能取下　　B. 必须取下

C. 最好不取下　　D. 先取下，再锁紧，然后读数

6. 轴类零件的孔加工应安排在调质（　　）进行。

A. 以前　B. 以后　C. 同时　D. 前或后

7. 切削时切削液可以冲去细小的切屑，可以防止加工表面（　　）。

A. 变形　B. 擦伤　C. 产生裂纹　D. 加工困难

8. 錾削时所用的工具主要是（　　）。

A. 錾子　B. 锤子　C. 錾子或锤子　D. 錾子和锤子

9. 锪孔时进给量为钻孔的 2 ~ 3 倍，切削速度与钻孔时比应（　　）。

A. 减小　B. 增大　C. 减小或增大　D. 不变

10. 为了防止因刃口磨钝以及切屑嵌入刀具后面与孔壁间而将孔壁拉伤，铰刀必须（　　）。

A. 慢慢铰削　B. 迅速铰削　C. 正转　D. 反转

11. 三头蜗杆的（　　）常采用主视图、断面图（移出断面）和局部放大的表达方法。

A. 零件图　B. 工序图　C. 原理图　D. 装配图

12. 从蜗杆零件的标题栏可知该零件的名称、头数、（　　）。

A. 质量及材料　B. 材料及比例　C. 加工工艺　D. 热处理要求

13. 为了提高主轴箱中较长的传动轴的（　　），可采用三支撑结构。

A. 强度 B. 刚度 C. 稳定性 D. 传动精度

14. 进给箱的功用是把交换齿轮箱传来的运动，通过改变箱内（ ）的位置，变速后传给丝杠或光杠，以满足车削螺纹和机动进给的需要。

A. 离合器 B. 传动轴 C. 固定齿轮 D. 滑移齿轮

15. 进给箱内传动轴的（ ）定位方法，大都采用两端定位。

A. 径向 B. 轴向 C. 切向 D. 法向

16. 识读装配图时，应先（ ）。

A. 识读标题栏 B. 看明细表 C. 看视图配置 D. 看标注尺寸

17. 精密丝杠的加工工艺要求（ ），目的是使材料晶粒细化、组织紧密、碳化物分布均匀，可提高材料的强度。

A. 充分冷却 B. 校直 C. 锻造毛坯 D. 球化退火

18. 确定加工顺序、工序内容、加工方法，划分加工阶段，安排热处理、检验及其他辅助工序是（ ）的主要工作。

A. 拟定工艺路线 B. 拟定加工工艺

C. 拟定加工方法 D. 审批工艺文件

19. 在一定的生产条件下，以最少的（ ）和最低的成本费用，按生产计划的规定，生产出合格的产品是制订工艺规程应遵循的原则。

A. 电力消耗 B. 劳动消耗 C. 材料消耗 D. 物资消耗

20. 由于数控车床的主轴转速较高，所以多采用（ ）高速动力卡盘。

A. 气压 B. 液压 C. 机械 D. 螺旋

21. 以下（ ）不是使用数控顶尖过程中应注意的事项。

A. 顶尖顶持零件的顶持力不能过大和过小

B. 不准随意敲打、拆卸和扭紧压盖，以免损坏精度

C. 用完后应清洗缓蚀，妥善保管

D. 可作为装刀时对中心的基准

22. 在数控加工中，刀具刀位点相对于（ ）运动的轨迹称为进给路线，它是编程的重要依据。

A. 机床 B. 夹具 C. 工件 D. 导轨

23. 在数控机床上加工工件，精加工余量相对于普通机床加工要（ ）。

A. 大 B. 相同 C. 小 D. 以上均不对

24. 在ISO标准中，G02是（ ）指令。

A. 绝对坐标 B. 外圆循环

C. 顺时针圆弧插补 D. 相对坐标

25. 在加工过程中，刀具磨损但能够继续使用，为了不影响工件的尺寸精度，应该进行（ ）。

A. 换刀 B. 刀具磨损补偿 C. 修改程序 D. 改变切削用量

26. 使用子程序的目的和作用是（ ）。

A. 加工省时 B. 简化编程 C. 加工精度高 D. 通用性强

27. 立体轮廓表面的零件宜采用数控（ ）加工。

A. 加工中心　　B. 车床　　C. 机床　　D. 铣床

28. 在 FANUC 系统中，车削圆锥可用（　　）循环指令编程。

A. G70　　B. G94　　C. G90　　D. G92

29. 在 FANUC 系统中，G92 指令可以加工（　　）。

A. 圆柱螺纹　　B. 内螺纹　　C. 圆锥螺纹　　D. 以上均可

30. 程序段 G92　X52　Z－100　I3.5　F3 的含义是车削（　　）。

A. 外螺纹　　B. 锥螺纹　　C. 内螺纹　　D. 三角形螺纹

31. 在程序段 G94　X30　Z－5　F0.3 中，（　　）的含义是端面车削的终点。

A. X30　　B. X30　Z－5　　C. Z－5　　D. F0.3

32. 在程序段 G70　P10　Q20 中，Q20 的含义是（　　）。

A. 精加工余量为 0.20mm

B. Z 轴移动 20mm

C. 精加工循环的第一个程序段的程序号

D. 精加工循环的最后一个程序段的程序号

33. 在 FANUC 系统中，粗加工棒料毛坯时使用（　　）指令可简化编程。

A. G70　　B. G71　　C. G72　　D. G73

34. 在 G72P（ns）Q（nf）U（Δu）W（Δw）S500 程序格式中，（　　）表示精加工路径的第一个程序段顺序号。

A. Δw　　B. ns　　C. Δu　　D. nf

35. G73 指令是粗加工循环指令，主要用于（　　）毛坯的粗加工。

A. 碳素钢　　B. 合金钢　　C. 棒料　　D. 锻造、铸造

36. G74 指令是间断纵向加工循环指令，主要用于（　　）的加工。

A. 切槽　　B. 合金钢　　C. 棒料　　D. 钻孔

37. 加工间断端面时，使用（　　）指令可简化编程，利于排屑。

A. G72　　B. G73　　C. G74　　D. G75

38. FANUC 系统中的（　　）表示程序暂停，常用于测量工件和需要排除切屑时。

A. M00　　B. M01　　C. M02　　D. M30

39. FANUC 系统中的（　　）表示从尾座方向看主轴以逆时针方向旋转。

A. M04　　B. M01　　C. M03　　D. M05

40. FANUC 系统中的（　　）表示主轴反转。

A. M04　　B. M01　　C. M03　　D. M05

41. 在 FANUC 系统中，（　　）指令是换刀指令。

A. M05　　B. M02　　C. M03　　D. M06

42. 在 FANUC 系统中，M08 指令是（　　）指令。

A. 夹盘松　　B. 切削液关　　C. 切削液开　　D. 空气开

43. 数控车床液压系统中的（　　）是液压系统的动力源。

A. 液压缸　　B. 溢流阀　　C. 换向阀　　D. 液压泵

44. 当液压系统中的单出杆液压缸无杆腔进液压油时，推力（　　），速度（　　）。

A. 小，低　　B. 大，高　　C. 大，低　　D. 小，高

45. 在程序段 G71 P0035 Q0060 U4.0 W2.0 S500 中，W2.0 的含义是（ ）。

A. Z 轴方向的精加工余量 B. X 轴方向的精加工余量

C. X 轴方向的背吃刀量 D. Z 轴方向的退刀量

46. 在程序段 G73 P0035 Q0060 U1.0 W0.5 F0.3 中，P0035 的含义是（ ）。

A. 精加工路径的第一个程序段顺序号

B. 最低转速

C. 退刀量

D. 精加工路径的最后一个程序段顺序号

47. 在程序段 G75 X20.0 P5.0 F0.15 中，（ ）的含义是 X 方向的间断背吃刀量。

A. G75 B. X20.0 C. P5.0 D. F0.15

48. 数控车床系统电源开关的英文是（ ）。

A. CYCLE B. POWER C. TEMPORARY D. EMERGENCY

49. 数控车床（ ）时，模式选择开关应置于 HANDLE FEED。

A. 自动执行 B. 回零 C. 手动数据输入 D. 手动进给

50. 数控车床手动数据输入时，模式选择开关应置于（ ）。

A. JOG FEED B. MDI C. ZERO RETURN D. HANDLE FEED

51. 数控车床处于（ ）时，模式选择开关应置于 AUTO。

A. 自动状态 B. 手动数据输入 C. 回零 D. 手动进给

52. 数控车床处于编辑状态时，模式选择开关应置于（ ）。

A. AUTO B. PRGRM C. ZERO RETURN D. EDIT

53. 当数控车床的手动脉冲发生器的选择开关位置在 X100 时，手轮的进给单位是（ ）。

A. 0.1mm/格 B. 0.001mm/格 C. 0.01mm/格 D. 1mm/格

54. 数控车床的主轴速度控制盘的英文是（ ）。

A. SPINDLE OVERRIDE B. EMERGENCY STOP

C. RAPID TRAVERSE D. HAND LEFEED

55. 数控车床的块删除开关置于（ ）时，程序执行没有“/”的语句。

A. OFF B. ON C. BLOCK DELETE D. 不能判断

56. 数控车床试运行开关置于“DRY RUN”位置，在“MDI”状态下运行车床时，程序中给定的（ ）无效。

A. 主轴转速 B. 快进速度 C. 进给速度 D. 以上均对

57. 偏心距较大的工件不能采用直接测量法测出（ ），这时可以用百分表和千分尺采用间接测量法测出。

A. 尺寸精度 B. 形状精度 C. 偏心距 D. 以上均可

58. 使用分度头检验轴径夹角误差的计算公式是 $\sin\Delta\theta = \Delta L/R$。式中（ ）是两曲轴轴径中心高度差。

A. ΔL B. R C. $\Delta L/R$ D. L/R

59. 以下（ ）不是车削轴类零件时产生尺寸误差的原因。

A. 量具有误差或测量方法不正确　B. 毛坯余量不均

C. 没有进行试切削　D. 看错图样

60. 车削箱体类零件上的孔时，如果车床主轴轴线歪斜，则车出的孔会产生（　）误差。

A. 尺寸精度　B. 圆柱度　C. 圆度　D. 同轴度

（二）**判断题**（第61题～第100题，将判断结果填入括号中，正确的填“√”，错误的填“×”，每题1分，满分40分）

61. 职业道德是社会道德在职业行为和职业关系中的具体表现。（　）

62. 忠于职守是指要求把自己职业范围内的工作做好。（　）

63. 爱岗敬业就要工作勤奋努力，精益求精，尽职尽责。（　）

64. 正投影法中的投射线与投影面平行。（　）

65. 表面粗糙度不会影响机器的使用寿命。（　）

66. 工业纯铝1200中铝的质量分数为99.0%，杂质的质量分数为1.00%。（　）

67. 螺旋传动主要由螺杆、螺母和螺栓组成。（　）

68. 按用途不同，螺旋传动可分为传动螺旋和调整螺旋两种类型。（　）

69. 通常刀具材料的硬度越高，其耐磨性越好。（　）

70. 硬质合金的特点是耐热性好，切削效率低。（　）

71. 有的卡尺上装有百分表或数显装置，称为带表卡尺或数显卡尺，提高了测量的准确性。（　）

72. 公法线千分尺用于测量齿轮公法线长度时，两个测砧的测量面做成相互垂直的圆平面。（　）

73. 圆柱齿轮的结构分为齿圈和轮齿两部分。（　）

74. 变压器在改变电压的同时，也改变了电流和频率。（　）

75. 岗位的质量要求是每个职工必须做到的最基本的岗位工作职责。（　）

76. 斜二测轴测图OY轴与水平方向成45°角。（　）

77. 主轴箱V带轮的张力经轴承座直接传至箱体上，使轴不致受径向力作用而产生弯曲变形，从而提高了传动的平稳性。（　）

78. 装夹箱体零件时，夹紧力的作用点应尽量靠近基准面。（　）

79. 毛坯的材料种类及外形尺寸不是工艺规程的主要内容。（　）

80. 工件以外圆定位，配车数控车床液压卡盘卡爪时，应在空载状态下进行。（　）

81. 为保证数控自定心中心架夹紧零件的中心与车床主轴的中心重合，须使用千分尺和百分表进行调整。（　）

82. 数控车床转塔刀架的机械结构复杂，使用中故障率相对较高，因此在使用维护中要足够重视。（　）

83. 数控车床的转塔刀架径向刀具多用于外圆的加工。（　）

84. 在平面直角坐标系中，圆的方程是$(X-30)^2+(Y-25)^2=15^2$，则此圆的半径为15。（　）

85. 对于数控加工的零件，零件图上应以同一基准标注尺寸，这种尺寸标注便于编程。（　）

86. 陶瓷刀具适用于铝、镁、钛等合金材料的加工。（ ）

87. 刀具长度补偿由准备功能 G43、G44、G49 及 K 代码指定。（ ）

88. 当车床出现故障时，报警信息显示 2005，此故障的内容是主电动机故障。（ ）

89. 数控车床每个月需要检查保养的内容是主轴的运转情况。（ ）

90. 数控车床主轴传动 V 带是需要每六个月进行检查保养的内容。（ ）

91. 在程序段 G72 P0035 Q0060 U4.0 W2.0 S500 中，Q0060 的含义是精加工路径的最后一个程序段顺序号。（ ）

92. 在程序段 G74 Z－80.0 Q20.0 F0.15 中，Q20.0 的含义是退刀长度。（ ）

93. 当数控车床的程序保护开关处于 ON 位置时，不能对程序进行编辑。（ ）

94. 使用外径千分尺可以测量深孔件的圆度精度。（ ）

95. 检验箱体工件上的立体交错孔的垂直度时，在基准检验棒上装一百分表，使测头顶在检验棒的圆柱面上，旋转 180°后再测，即可确定两孔轴线在测量长度内的垂直度误差。（ ）

96. 如果两半箱体的同轴度要求不高，可以在两被测孔中插入检验棒，将百分表固定在其中一个检验棒上，百分表测头触在另一孔的检验棒上，百分表转动一周得到的读数就是同轴度误差。（ ）

97. 使用齿厚游标卡尺可以测量蜗杆的轴向齿厚。（ ）

98. 用心轴装夹车削套类工件时，如果心轴本身的同轴度超差，则车出的工件会产生尺寸精度误差。（ ）

99. 用仿形法车削圆锥时产生锥度（角度）误差的原因是靠模板角度调整不正确。（ ）

100. 车削蜗杆时，背吃刀量太小会使蜗杆的分度圆直径产生尺寸误差。（ ）

参考答案

（一）单项选择题

1. B	2. B	3. C	4. D	5. C	6. B	7. B	8. D
9. A	10. C	11. A	12. B	13. B	14. D	15. B	16. A
17. C	18. A	19. B	20. B	21. D	22. C	23. C	24. C
25. C	26. B	27. A	28. C	29. C	30. B	31. B	32. D
33. B	34. B	35. D	36. D	37. D	38. A	39. C	40. A
41. D	42. C	43. D	44. C	45. A	46. A	47. C	48. B
49. D	50. B	51. A	52. D	53. A	54. A	55. C	56. C
57. C	58. A	59. B	60. B				

（二）判断题

61. √	62. √	63. √	64. ×	65. ×	66. √	67. ×	68. ×
69. √	70. ×	71. √	72. ×	73. ×	74. ×	75. √	76. √
77. √	78. ×	79. ×	80. ×	81. ×	82. √	83. √	84. √
85. √	86. ×	87. ×	88. √	89. √	90. √	91. √	92. ×
93. √	94. ×	95. √	96. ×	97. ×	98. ×	99. √	100. ×

二、操作技能试卷

（一）零件图（图 11-4）

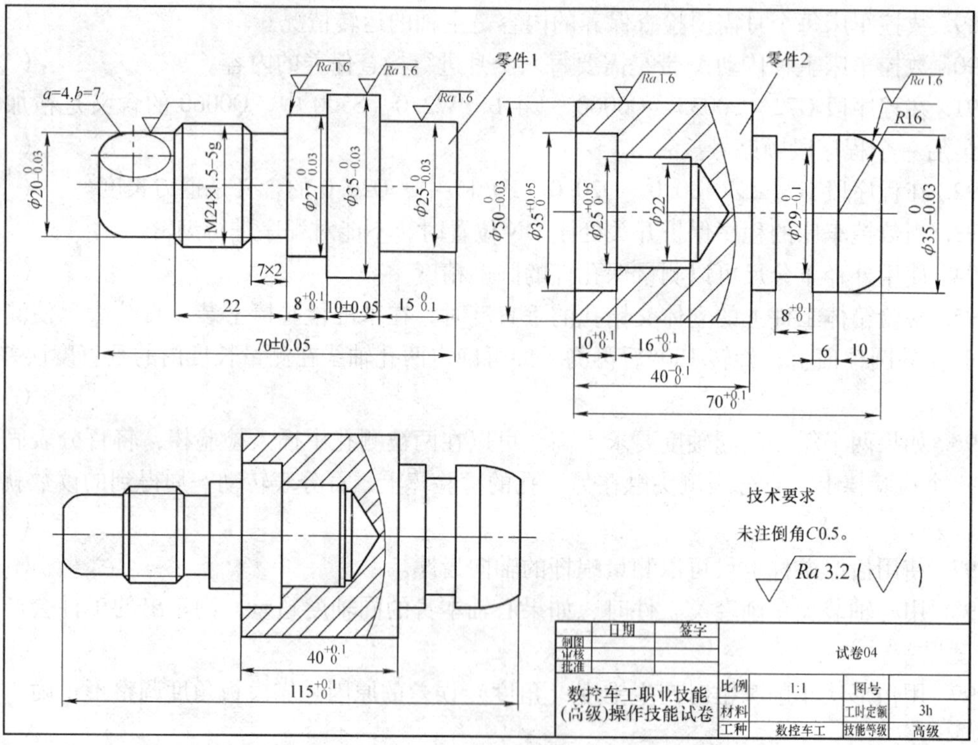

图 11-4 零件图

（二）工具、量具、刀具准备清单（表 11-7）

表 11-7 工具、量具、刀具准备清单

序号	名 称	规 格	数 量	备 注
1	游标卡尺	0 ~ 150mm	1	
2	千分尺	25 ~ 50mm	1	
3	螺纹千分尺	0 ~ 25mm	1	
4	半径量规	$R15 \sim R25$	1	
5	内径量表	18 ~ 35mm	1	
6	百分表及表座	0 ~ 10mm	1	
7	端面车刀	—	1	—
8	外圆车刀	副偏角大于 30°	2	—
9	三角形螺纹车刀	刀尖角为 60°	1	—
10	切槽刀、切断刀	—	1	宽 4 ~ 5mm，长 25mm
11	镗孔刀	—	1	孔径 ϕ18mm，长 30mm
12	麻花钻	ϕ18mm	1	
13	中心钻	A3 型	1	
14	其他辅具	垫刀片若干、油石、0.2mm 厚铜皮等		
15		函数型计算器		
16		其他车工常用辅具		
17	材料	45 钢，ϕ55mm × 150mm		
18	数控系统	SINUMERIK、FANUC 或华中 HNC 数控系统		

（三）评分表（表 11-8）

表 11-8　评　分　表

数控车工职业技能(高级)操作技能评分表

单位：　　　　　　　　　　　　姓名：　　　　　　　　　　　　准考证号：

检测项目			技术要求	配分	评分标准	检测结果	得分
零件1	外圆	1	$\phi 20_{-0.03}^{0}$ mm　$Ra1.6\mu m$	4/2	超差、降级无分		
		2	$\phi 25_{-0.03}^{0}$ mm　$Ra1.6\mu m$	4/2	超差、降级无分		
		3	$\phi 27_{-0.03}^{0}$ mm　$Ra1.6\mu m$	4/2	超差、降级无分		
		4	$\phi 35_{-0.03}^{0}$ mm　$Ra1.6\mu m$	4/2	超差、降级无分		
	螺纹	5	M24×1.5－6g　中径	6	超差无分		
		6	M24×1.5－6g　两侧 $Ra3.2\mu m$	4	降级无分		
		7	M24×1.5－6g　牙型角	2	不符合无分		
	长度	8	$8_{0}^{+0.1}$ mm	2	超差无分		
		9	(10 ± 0.05) mm	2	超差无分		
		10	$15_{-0.1}^{0}$ mm	2	超差无分		
		11	(70 ± 0.05) mm	2	超差无分		
	其他	12	沟槽 7mm×2mm	2	超差无分		
		13	椭圆轮廓	4	超差无分		
		14	未注倒角	2	不符合无分		
零件2	外圆	15	$\phi 35_{-0.03}^{0}$ mm　$Ra1.6\mu m$	4/2	超差、降级无分		
		16	$\phi 50_{-0.03}^{0}$ mm　$Ra1.6\mu m$	4/2	超差、降级无分		
	内孔	17	$\phi 25_{0}^{+0.05}$ mm　$Ra1.6\mu m$	4/2	超差、降级无分		
		18	$\phi 35_{0}^{+0.05}$ mm　$Ra1.6\mu m$	4/2	超差、降级无分		
	长度	19	$10_{0}^{+0.1}$ mm	2	超差无分		
		20	$16_{0}^{+0.1}$ mm	2	超差无分		
		21	$40_{0}^{+0.1}$ mm	2	超差无分		
		22	$70_{0}^{+0.1}$ mm	2	超差无分		
	沟槽	23	$8_{0}^{+0.1}$ mm	2	超差无分		
		24	$29_{-0.1}^{0}$ mm	2	超差无分		
	其他	25	圆弧 *Ra*16mm　$Ra1.6\mu m$	2/2	超差、降级无分		
		26	未注倒角	2	不符合无分		
配合		27	$40_{0}^{+0.1}$ mm	3	超差无分		
		28	$115_{0}^{+0.1}$ mm	3	超差无分		
其他		29	安全文明生产		违反一项扣 5 分		
总　配　分				100	总　得　分		

零件名称		图号　11-4	加工日期 年　月　日
加工开始　时　分	停工时间　分钟	加工时间 180min	检测
加工结束　时　分	停工原因	实际时间	评分

样卷五　数控车工职业技能（高级）考核试卷05

一、理论知识试卷

（一）单项选择题（第1题～第60题，选择一个正确的答案，将相应的字母填入括号中，每题1分，满分60分）

1. 职业道德的实质内容是（　　）。

A. 改善个人生活　　B. 增加社会的财富
C. 树立全新的社会主义劳动态度　　D. 增强竞争意识

2. 遵守法律法规不要求（　　）。

A. 延长劳动时间　　B. 遵守操作程序
C. 遵守安全操作规程　　D. 遵守劳动纪律

3. 具有高度责任心不要求做到（　　）。

A. 方便群众，注重形象　　B. 责任心强，不辞辛苦
C. 尽职尽责　　D. 工作精益求精

4. 关于“斜视图”，下列说法错误的是（　　）。

A. 画斜视图时，必须在视图的上方标出视图的名称，在相应的视图附近用箭头指明投影方向，并注上同样的字母
B. 斜视图一般按投影关系配置，必要时也可配置在其他适当位置。在不致引起误解时，允许将图形旋转摆正
C. 斜视图主要是用来表达机件上倾斜部分的实形，所以其余部分也必须全部画出
D. 将机件向不平行于任何基本投影面的平面投影所得的视图称为斜视图

5. 用“几个相交的剖切平面”画剖视图时，下列说法正确的是（　　）。

A. 应画出剖切平面转折处的投影
B. 可以出现不完整的结构要素
C. 可以省略标注剖切位置
D. 当两要素在图形上具有公共对称中心线或轴线时，可各画一半

6. 当剖切平面通过由回转面形成的孔或凹坑的轴线时，这些结构应按（　　）绘制。

A. 视图　　B. 剖视图　　C. 断面图　　D. 局部放大图

7. 具有互换性的零件应是（　　）。

A. 相同规格的零件　　B. 不同规格的零件
C. 相互配合的零件　　D. 形状和尺寸完全相同的零件

8. 比较两个公称尺寸的精确程度，是根据两尺寸的（　　）

A. 公差大小　　B. 公差等级　　C. 基本偏差　　D. 公称尺寸

9. 基本偏差为（　　）与不同基本偏差轴的公差带形成各种配合的一种制度称为基孔制。

A. 不同孔的公差带　　B. 一定孔的公差带

C. 较大孔的公差带　　D. 较小孔的公差带

10. 下列对“间隙”的描述正确的是（　　）。

A. 间隙数值前可以没有正号　　B. 间隙数值前必须有正号

C. 间隙数值前有没有正号均可　　D. 间隙数值不可以为零

11. 在给定一个方向时，平行度的公差带是（　　）。

A. 距离为公差值 t 的两平行直线间的区域

B. 直径为公差值 t，且平行于基准轴线的圆柱面内的区域

C. 距离为公差值 t，且平行于基准平面（或直线）的两平行平面之间的区域

D. 正截面为公差值 $t_1 \times t_2$，且平行于基准轴线的四棱柱内的区域

12. 下列属于金属物理性能的参数是（　　）。

A. 导电性　　B. 塑性　　C. 韧性　　D. 抗氧化性

13. 用于制造刀具、模具的合金钢称为（　　）。

A. 碳素钢　　B. 合金结构钢　　C. 合金工具钢　　D. 特殊性能钢

14. 下列（　　）属于冷作模具钢。

A. Cr12　　B. 9SiCr　　C. W18Cr4V　　D. 5CrMnMo

15. KTH300-06 中的 06 表示断后伸长率为（　　）%。

A. 0.06　　B. 0.6　　C. 6　　D. 60

16. 热处理是将钢在固态下采用适当的方式进行（　　），以获得所需组织和性能的工艺。

A. 加热、保温和冷却　　B. 保温、冷却和加热

C. 加热、冷却和加热　　D. 通入大电流

17. 正火的目的之一是改善（　　）的切削加工性。

A. 低碳钢　　B. 高碳钢　　C. 工具钢　　D. 过共析钢

18. 铝具有的特性之一是（　　）。

A. 良好的导热性　　B. 较差的导电性

C. 较高的强度　　D. 较高的硬度

19. 任何切削加工方法都必须有一个（　　），可以有一个或几个进给运动。

A. 辅助运动　　B. 主运动　　C. 切削运动　　D. 纵向运动

20. 切屑流出时经过的刀面是（　　）。

A. 前刀面　　B. 主后刀面　　C. 副后刀面　　D. 侧刀面

21. 通过切削刃的选定点与切削刃相切并垂直于基面的平面是（　　）。

A. 基面　　B. 切削平面　　C. 正交平面　　D. 辅助平面

22. 进给方向与主切削刃在基面上的投影之间的夹角是（　　）。

A. 前角　　B. 后角　　C. 主偏角　　D. 副偏角

23.（　　）是切削刃选定点相对于工件主运动的瞬时速度。

A. 切削速度　　B. 进给量　　C. 工作速度　　D. 背吃刀量

24. 车刀有（　　）、端面车刀、切断刀、内孔车刀等几种。

A. 外圆车刀　　B. 三面车刀　　C. 尖齿车刀　　D. 平面车刀

25. 下列量具中不属于游标类量具的是（　　）。

A. 游标深度尺　B. 游标高度尺　C. 游标齿厚尺　D. 外径千分尺

26. 在游标卡尺的结构中，有刻度的部分称为（　　）。

A. 尺框　B. 尺身　C. 尺头　D. 活动量爪

27. 下列（　　）千分尺不存在。

A. 深度　B. 螺纹　C. 蜗杆　D. 公法线

28. 润滑剂的作用有润滑、冷却、（　　）、密封等。

A. 缓蚀　B. 磨合　C. 静压　D. 稳定

29. （　　）的主要性能是不易溶于水，但熔点低，耐热能力差。

A. 钠基润滑脂　B. 钙基润滑脂　C. 锂基润滑脂　D. 石墨润滑脂

30. 直角尺在划线时常用作划（　　）的导向工具。

A. 平行线　B. 垂直线　C. 直线　D. 平行线、垂直线

31. 进给箱内基本变速机构的每个滑移齿轮应依次和相邻的一个固定齿轮啮合，而且要保证在同一时刻内（　　）个滑移齿轮和（　　）个固定齿轮中只有一组是相互啮合的。

A. 四，八　B. 四，四　C. 八，八　D. 三，八

32. 精密丝杠的加工工艺中要求锻造工件毛坯，目的是使材料晶粒细化、组织紧密、碳化物分布均匀，可提高材料的（　　）。

A. 塑性　B. 韧性　C. 强度　D. 刚性

33. 装夹（　　）时，夹紧力的作用点应尽量靠近加工表面。

A. 箱体零件　B. 细长轴　C. 深孔　D. 盘类零件

34. 在一定的（　　）下，以最少的劳动消耗和最低的成本费用，按生产计划的规定，生产出合格的产品是制订工艺规程应遵循的原则。

A. 工作条件　B. 生产条件　C. 设备条件　D. 电力条件

35. 数控车床的转塔刀架采用（　　）驱动，可进行重负荷切削。

A. 液压马达　B. 液压泵　C. 齿轮齿条　D. 气泵

36. 数控车床适于加工（　　）的工件。

A. 批量大　B. 形状复杂　C. 余量不均匀　D. 不能判断

37. 刀尖圆弧半径应输入系统的（　　）中。

A. 程序　B. 刀具坐标　C. 刀具参数　D. 坐标系

38. 旋转体类零件宜采用数控（　　）或数控磨床加工。

A. 车床　B. 铣床　C. 钻床　D. 加工中心

39. 在程序段 G90　X52　Z－100　F0.3 中，X52　Z－100 的含义是（　　）。

A. 车削 100mm 长的圆锥　B. 车削 100mm 长、大端直径为 52mm 的圆锥

C. 外圆终点的坐标为（100，52）　D. 车削 100mm 长、小端直径为 48mm 的圆锥

40. 在 FANUC 系统中，（　　）指令是精加工循环指令，用于 G71、G72、G73 加工后的精加工。

A. G67　B. G68　C. G69　D. G70

41. 在程序段 G70　P10　Q20 中，Q20 的含义是（　　）。

A. 精加工余量为 0.20mm

B. Z 轴移动 20mm

C. 精加工循环的第一个程序段的程序号

D. 精加工循环的最后一个程序段的程序号

42. 在G74　X60　Z－100　P5　Q20　F0.3程序格式中，(　　) 表示Z轴方向上的间断走刀长度。

A. 0.3　　B. 20　　C. －100　　D. 60

43. 在G75　X80　Z－120　P10　Q5　R1　F0.3程序格式中，(　　) 表示Z方向间断切削长度。

A. －120　　B. 5　　C. 10　　D. 80

44. FANUC系统中的 (　　) 表示从尾座方向看，主轴以逆时针方向旋转。

A. M04　　B. M01　　C. M03　　D. M05

45. 在FANUC系统中，M20指令是 (　　) 指令。

A. 夹盘松　　B. 切削液关　　C. 切削液开　　D. 空气开

46. 程序段G71　P0035　Q0060　U4.0　W2.0　S500是 (　　) 循环指令。

A. 精加工　　B. 外径粗加工　　C. 端面粗加工　　D. 固定形状粗加工

47. 在程序段G74　Z－80.0　Q20.0　F0.15中，(　　) 的含义是间断走刀长度。

A. Q20.0　　B. Z－80.0　　C. F0.15　　D. G74

48. 程序段G75　X20.0　P5.0　F0.15是间断端面切削循环指令，用于 (　　) 的加工。

A. 钻孔　　B. 外沟槽　　C. 端面　　D. 外径

49. 在程序段G75　X20.0　P5.0　F0.15中，P5.0的含义是 (　　)。

A. 沟槽深度　　B. X方向的退刀量

C. X方向的间断切削深度　　D. X方向的进给量

50. 数控车床快速进给时，模式选择开关应置于 (　　)。

A. JOG FEED　　B. TRAVERST　　C. ZERO RETURN　D. HANDLE FEED

51. 数控车床的快速进给速率选择的倍率对手动脉冲发生器的速率 (　　)。

A. 25%有效　　B. 50%有效　　C. 无效　　D. 100%有效

52. 使用 (　　) 不可以测量深孔件的圆柱度精度。

A. 圆度仪　　B. 内径百分表　　C. 游标卡尺　　D. 内卡钳

53. 车削螺纹时，溜板箱手轮转动不平衡会使螺纹的 (　　) 产生误差。

A. 中径　　B. 牙型角　　C. 局部螺距　　D. 表面粗糙度

54. (　　) 车削螺纹时，最后一刀的切削厚度一般要大于0.1mm，并使切屑从垂直轴线方向排出。

A. 高速　　B. 中速　　C. 低速　　D. 以上均对

55. 车削螺纹时，车刀的 (　　) 会影响螺纹牙型角的精度。

A. 左刃后角　　B. 右刃后角　　C. 轴向前角　　D. 径向前角

56. 车削螺纹时，车刀的径向前角太大，易产生 (　　) 现象。

A. 扎刀　　B. 让刀　　C. 打刀　　D. 以上均对

57. 车削蜗杆时，分度圆直径产生尺寸误差的原因是 (　　)。

A. 背吃刀量太小　　B. 车刀背吃刀量不正确

C. 切削速度太低　　D. 交换齿轮不正确

58. 车削箱体类零件上的孔时，如果车刀磨损，则车出的孔会产生（　　）误差。

A. 轴线的直线度　B. 圆柱度　C. 圆度　D. 同轴度

59. 加工箱体类零件上的孔时，如果花盘角铁精度低，则会影响平行孔的（　　）。

A. 尺寸精度　B. 形状精度　C. 表面粗糙度　D. 平行度

60. 加工箱体类零件上的孔时，如果定位孔与定位心轴的配合精度超差，会对垂直孔轴线的（　　）有影响。

A. 尺寸　B. 形状　C. 表面粗糙度　D. 垂直度

（二）判断题（第 61 题 ~ 第 100 题，将判断结果填入括号中，正确的填“✓”，错误的填“×”，每题 1 分，满分 40 分）

61. 生产中可自行制订工艺流程和操作规程。（　　）

62. 当公差等级相同时，其加工精度一定相同；当公差数值相等时，其加工精度不一定相同。（　　）

63. 当分度值为 0.05mm 的游标卡尺的两测量爪并拢时，其尺身上的 19mm 对正游标上的 20 格。（　　）

64. 当只能用游标卡尺测量高精度工件时，可以先用量块校对卡尺，在测量时把误差考虑进去。（　　）

65. 用百分表测量时，测量杆应与工件表面垂直。（　　）

66. 精车车床主轴箱齿轮前的热处理方法为高频淬火。（　　）

67. 精密机床主轴油的牌号为 N2、N5、N7、N68 四种。（　　）

68. 切削液只具有冷却、润滑作用。（　　）

69. 识读装配图的要求是了解装配件的名称、用途、性能、结构和配合性质。（　　）

70. 确定加工顺序、工序内容、加工方法，划分加工阶段，安排热处理、检验及其他辅助工序是填写工艺文件的主要工作。（　　）

71. 规格为 200mm 的 K93 动力卡盘的最小装夹直径为 15mm，最大装夹直径为 168mm。（　　）

72. 当液压卡盘的夹紧力不足时，应加大液压缸压力，并设法改善卡盘的润滑状况。（　　）

73. 当工件以外圆定位，配车数控车床液压卡盘卡爪时，应在空载状态下进行。（　　）

74. 数控顶尖在使用过程中可作为装刀时对中心的基准。（　　）

75. 数控车床的刀架分为刀库式自动换刀装置和转塔式刀架两大类。（　　）

76. 数控车床的内孔车刀通过定位环安装在转塔刀架的转塔刀盘上。（　　）

77. 由于惯性和工艺系统变形，车削螺纹会造成超程或欠程。（　　）

78. 为了防止换刀时刀具与工件发生干涉，换刀点的位置应设在机床原点。（　　）

79. 在编制数控加工程序前，首先应该确定工艺过程。（　　）

80. 在 FANUC 系统中，采用 N 作为程序的编号地址。（　　）

81. 在 FANUC 系统中，G92 指令可以进行外圆及内孔车削循环。（　　）

82. 用近似计算法逼近零件轮廓时产生的误差称为一次逼近误差，它出现在用直线或圆弧逼近零件轮廓的情况中。（　　）

83. 程序段 G94　X30　Z-5　R3　F0.3 是循环车削螺纹的程序段。（　　）

84. 在 G71　P（ns）Q（nf）U（Δu）W（Δw）S500 程序格式中，nf 表示精加工路径的第一个程序段顺序号。（　）

85. 粗加工锻造、铸造毛坯时，使用 G75 指令可简化编程。（　）

86. FANUC 系统中的 M00 表示任选停止，也称选择停止。（　）

87. 在 FANUC 系统中，当需要改变主轴旋转方向时，必须先执行 M02 指令。（　）

88. 在 FANUC 系统中，M22 指令是 X 轴镜像指令。（　）

89. 在 FANUC 系统中，M23 指令是 X 轴镜像指令。（　）

90. 在 FANUC 系统中，M98 指令是主轴低速范围指令。（　）

91. 数控车床每天需要检查保养的内容是电气柜过滤网。（　）

92. 数控车床卡盘夹紧力的大小靠溢流阀调整。（　）

93. 程序段 G73　P0035　Q0060　U1.0　W0.5　F0.3 是固定形状粗加工循环指令，用于切除棒料毛坯的大部分余量。（　）

94. 数控车床回零时，模式选择开关应置于 JOG FEED。（　）

95. 数控车床处于自动状态时，可完成手动进给工作。（　）

96. 对于深孔件的尺寸精度，可以用塞规或游标卡尺进行检验。（　）

97. 使用齿轮游标卡尺可以测量蜗杆的轴向齿厚。（　）

98. 用一夹一顶或两顶尖装夹轴类零件时，如果后顶尖轴线与主轴轴线不重合，工件会产生圆度误差。（　）

99. 车削轴类零件时，如果毛坯余量不均匀，则切削过程中背吃刀量会发生变化，工件会产生圆柱度误差。（　）

100. 用心轴装夹车削套类工件时，如果心轴本身同轴度超差，则车出的工件会产生尺寸精度误差。（　）

参考答案

（一）单项选择题

1. C　2. A　3. A　4. C　5. D　6. B　7. A　8. B
9. B　10. B　11. C　12. A　13. C　14. A　15. C　16. A
17. A　18. A　19. B　20. A　21. B　22. C　23. A　24. A
25. D　26. B　27. C　28. A　29. B　30. D　31. A　32. C
33. A　34. B　35. A　36. B　37. C　38. A　39. C　40. D
41. D　42. B　43. B　44. C　45. D　46. B　47. A　48. B
49. C　50. A　51. C　52. C　53. C　54. A　55. D　56. A
57. B　58. B　59. D　60. D

（二）判断题

61. ×　62. √　63. √　64. √　65. √　66. ×　67. ×　68. ×
69. ×　70. ×　71. √　72. ×　73. ×　74. ×　75. ×　76. ×
77. ×　78. ×　79. √　80. ×　81. ×　82. √　83. ×　84. ×
85. ×　86. ×　87. ×　88. ×　89. ×　90. ×　91. ×　92. ×
93. ×　94. ×　95. ×　96. ×　97. ×　98. ×　99. ×　100. ×

二、操作技能试卷

（一）零件图（图 11-5）

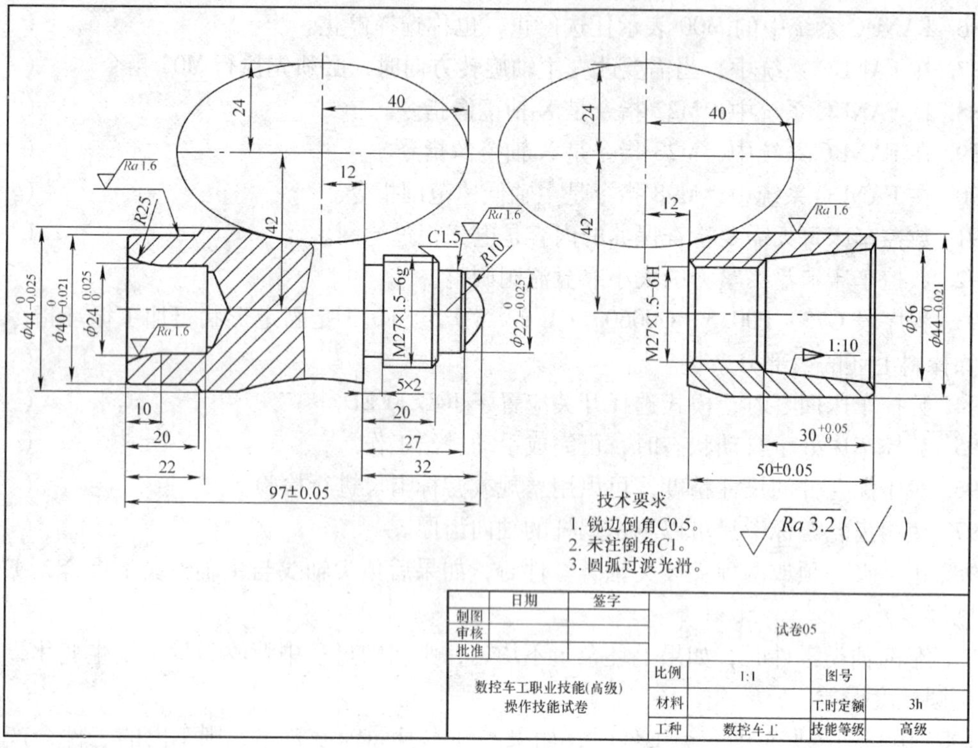

图 11-5 零件图

（二）工具、量具、刀具准备清单（表 11-9）

表 11-9 工具、量具、刀具准备清单

序号	名 称	规 格	数 量	备 注
1	游标卡尺	0～150mm	1	—
2	千分尺	0～25mm、25～50mm	各 1	—
3	螺纹千分尺	25～50mm	1	—
4	半径量规	$R15$～$R25$	1	—
5	内径量表	18～35mm	1	—
6	百分表及表座	0～10mm	1	—
7	端面车刀	—	1	—
8	外圆车刀	副偏角大于 30°	2	—
9	三角形螺纹车刀	刀尖角为 60°	1	—
10	切槽刀、切断刀	宽 4～5mm，长 25mm	1	—
11	镗孔刀	孔径 ϕ18mm，长 30mm	1	—
12	60°内螺纹车刀	孔径 ϕ18	1	—
13	麻花钻	ϕ18mm	1	—
14	中心钻	A3 型	1	—
15	其他辅具	垫刀片若干、油石、0.2mm 厚铜皮等		
16		函数型计算器		
17		其他车工常用辅具		
18	材料	45 钢，ϕ50mm×155mm		
19	数控系统	SINUMERIK、FANUC 或华中 HNC 数控系统		

（三）评分表（表11-10）

表11-10　评　分　表

数控车工职业技能(高级)操作技能评分表

单位：　　　　　　　　　　　　姓名：　　　　　　　　　　　　准考证号：

检测项目			技术要求		配分	评分标准	检测结果	得分
零件1	外圆	1	$\phi22_{-0.025}^{\ 0}$mm	$Ra1.6\mu m$	4/2	超差、降级无分		
		2	$\phi40_{-0.021}^{\ 0}$mm	$Ra1.6\mu m$	4/2	超差、降级无分		
		3	$\phi44_{-0.025}^{\ 0}$mm	$Ra1.6\mu m$	4/2	超差、降级无分		
	内孔	4	$\phi24_{\ 0}^{+0.25}$mm	$Ra1.6\mu m$	4/2	超差、降级无分		
	圆弧	5	$R10$mm		2	超差无分		
		6	$R25$mm		2	超差无分		
	沟槽	7	5mm×2mm		2	超差无分		
	螺纹	8	M27×1.5－6g	中径	4	超差无分		
		9	M27×1.5－6g	两侧 $Ra3.2\mu m$	3	降级无分		
		10	M27×1.5－6g	牙形角	2	不符合无分		
	长度	11	10mm		2	超差无分		
		12	20mm(两处)		4	超差无分		
		13	22mm		2	超差无分		
		14	27mm		2	超差无分		
		15	32mm		2	超差无分		
		16	(97±0.05)mm		3	超差无分		
	其他	17	椭圆轮廓		5	不符合无分		
		18	倒角		2	不符合无分		
		19	未注倒角		1	不符合无分		
零件2	外圆	20	$\phi44_{-0.021}^{\ 0}$mm	$Ra1.6\mu m$	4/2	超差、降级无分		
	内锥	21	1:10	$Ra1.6\mu m$	4/2	超差、降级无分		
	螺纹	22	M27mm×1.5－6H	中径	4	超差无分		
		23	M27×1.5－6H	两侧 $Ra3.2\mu m$	3	降级无分		
		24	M27×1.5－6H	牙型角	2	不符合无分		
	长度	25	$30_{\ 0}^{+0.05}$mm		3	超差无分		
		26	(50±0.05)mm		3	超差无分		
	其他	27	椭圆轮廓		5	不符合无分		
配合		28	螺纹配合		3	不符合无分		
		29	椭圆弧配合		3	不符合无分		
其他		30	安全文明生产			违反一项扣5分		
总　配　分					100	总　得　分		

零件名称		图号　11-5	加工日期 年　月　日
加工开始　时　分	停工时间　分钟	加工时间 180min	检测
加工结束　时　分	停工原因	实际时间	评分

参 考 文 献

[1] 贾恒旦．数控车工［M］．北京：航空工业出版社，2008.
[2] 袁锋．数控车床培训教程［M］．北京：机械工业出版社，2005.
[3] 沈建峰，朱勤惠．数控车床技能鉴定考点分析和试题集萃［M］．北京：化学工业出版社，2007.
[4] 孙伟伟．数控车工实习与考级（华中世纪星系统）［M］．北京：高等教育出版社，2009.
[5] 陈子银．数控车工技能实战演练［M］．北京：国防工业出版社，2007.
[6] 李银涛．数控车床编程与职业技能鉴定实训［M］．北京：化学工业出版社，2009.